El cuidador

Aaron Alterra

El cuidador

Una vida con el Alzheimer

PAIDÓS

Barcelona
Buenos Aires
México

Título original: *The Caregiver. A Life with Alzheimer's*
Publicado en inglés, en 1999, por Steerforth Press, South Royalton, Vermont

Traducción de Juan Eloy Roca

Cubierta de Diego Feijóo

© 1999 by Aaron Alterra
© 2001 de la traducción, Juan Eloy Roca
© 2001 de todas las ediciones en castellano,
   Ediciones Paidós Ibérica, S. A.,
   Mariano Cubí, 92 - 08021 Barcelona
   y Editorial Paidós, SAICF,
   Defensa, 599 - Buenos Aires
   http://www.paidos.com

ISBN: 84-493-1148-9
Depósito legal: B-13.725/2002

Impreso en Novagràfik, S. L.,
Vivaldi, 5 - 08110 Montcada i Reixac (Barcelona)

Impreso en España - Printed in Spain

Para Virginia

Sumario

1

Olvidar cómo se hacen las cosas

Dado que mi memoria es de segunda clase, tardé mucho tiempo en comenzar a preocuparme por lo que le sucedía a Stella. Sólo llevábamos una semana casados cuando saqué el coche del garaje e hice la mitad del camino hasta la ciudad antes de acordarme de que Stella estaba esperando que la recogiera frente a la puerta de entrada. Esto sucedió hace sesenta años, pero las esposas nunca se permiten olvidar historias tan favorables para ellas como ésta.

Mi problema con la memoria no es reciente. En el instituto no conseguía recordar mis frases en las obras de teatro y ni siquiera me acordaba del final de un chiste durante más de unos pocos días. Mi irreductible convicción de que el propio impulso del discurso traerá a mi lengua lo que quiero decir, de igual manera que el final de mis cuentos aparece mientras tecleo, ha hecho que me quede muchas veces en blanco frente a mi auditorio y que tenga que preguntar si alguien entre el público sabía lo que supuestamente yo debía decir a continuación. Cuando releo algo que escribí hace uno o dos años, me sorprendo por los giros que toman las frases, como si jamás las hubiera leído antes. Y me sucedía igual cuando era más joven.

Si me incluyo de esta manera en la narración sólo es para explicar la razón por la cual, al principio, no me preocupé demasiado por los fallos de memoria de Stella. Y puesto que lo que le pasó me cogió con la guardia baja, no puedo decir exactamente cuándo comenzó todo.

11

Comencé a notar algunas indecisiones, como si durante todos estos años ya hubiera pensado suficientes veces cuántas cucharadas de café se ponía o en qué tipo de jarrón debía poner las flores y ya no quisiera volver a pensar sobre ello nunca más. Noté que abría y cerraba cajones sin ningún propósito concreto. Mientras conducía, le asaltaban pequeñas dudas: «¿Qué calle debo tomar? ¿Qué marcha debo poner? ¿Por qué estoy en esta carretera yendo en esta dirección?». La cocina ofrecía abundantes oportunidades para olvidar la sal, la mantequilla o la cebolla en sus recetas habituales. A veces podía percibir que la envolvía una ligera capa de preocupación. Pero cuando yo intentaba cruzar esa capa sin montar una escena que le crease aún mayor ansiedad, me decía que se encontraba bien. Simplemente comenzó a tomar más vitaminas.

No me pareció relevante que, a su avanzada edad, Stella olvidara la palabra en español para ———, o el nombre de esa mujer que ———, o el título del libro sobre ———. Pasaron los meses y yo me acostumbré a no fiarme de ella para recordar títulos de libros, los nombres de los lugares que habíamos visitado o los nombres de gente que no veíamos muy a menudo. Antes de que ya no hubiera cualquier otra razón, excepto que tenía ochenta años, comprendí que ya no podía apoyarme en mi mujer para reparar mi mala memoria y comprobé que ahora era ella la que me hacía el tipo de preguntas que yo solía hacerle antes a ella.

—Estás cambiando las reglas del juego —le decía amigablemente—. Se supone que soy yo el que *te* tiene que preguntar el nombre de la gente que hemos visto sólo una vez.

—Pues te lo estoy preguntando —decía ella, no tan amigablemente.

—No debería preocuparte tanto olvidar el nombre de alguien que has visto sólo una vez. A tu edad es normal.

No sólo le preocupaba olvidar el nombre de un conocido. También había olvidado, durante un larguísimo espacio de tiempo, el nombre de su primer nieto y no quería que la familia conociera ese olvido.

No es nada fácil convencer a los demás de que estás perdiendo memoria a pasos agigantados, sobre todo si al mismo tiempo quieres ocultar lo que olvidas. Acabas por no poder distinguir lo normal de lo extraordinario. Todos piensan que exageras. Quieren convencerte de que son imaginaciones tuyas.

Si le dices a tu hija, que tiene la mitad de tus años, que te olvidas de algunas cosas, enseguida te responde que a ella también se le olvidan: se le quedan palabras en la punta de la lengua y últimamente escribe montones de notas para acordarse de detalles. Estas modestas afirmaciones de mala memoria son un símbolo de solidaridad intergeneracional.

Cuando envejecemos, olvidamos más cosas; está dentro de la curva normal. Antes del Alzheimer, que es, como se sabe, una enfermedad que conlleva la pérdida de memoria, existe el pseudoAlzheimer, que es la simple memoria perdida. Vi que mi papel debía consistir en minimizar la ansiedad que pudiera sufrir Stella, pues yo había vivido siempre con un problema similar.

Puede que nunca haya habido un principio. La cosa podría haber estado allí siempre, moviéndose de forma subterránea a través de los nervios, escogiendo, dudando, olvidando, antes de que conociéramos su nombre clínico. Cada elección ante la que dudaste, cada olvido, pudo haber sido un primer aviso de la incapacidad más profunda que debía llegar. Las termitas sólo dejan ver algunas alas muertas en un escalón del porche o un vuelo durante un día de primavera que tal vez no estés en casa para ver, mientras el meollo de la madera está siendo vaciado hasta convertirse en tejido seco. Después, un contrafuerte cede y una pared se hunde.

Durante un tiempo se pensó que en la mayoría de los casos el Alzheimer estaba en los genes sin ser detectado. Lo que querían saber los doctores encargados del diagnóstico era si algo como aquello, no necesariamente llamado de igual forma, pero sí parecido en sus síntomas, se había manifestado antes en los padres, abuelos o algún tío o tía: ¿perdieron la memoria? ¿Se incapacitaron al llegar a una avanzada edad? ¿Se encargó algún pariente de cuidarles? ¿Fueron a alguna residencia, sea como fuere que se llamaran entonces estas instituciones? Stella contestó que no a todo eso. Este tipo de preguntas aún se hace en las entrevistas de diagnóstico, pero la opinión predominante hoy en día es que no más de uno o dos casos de cada diez tienen su origen en algún gen defectuoso. Ahora los expertos se concentran en la dieta, en el entorno, en las infecciones, en los hábitos y, en general, en el estilo de vida del paciente.

Como yo siempre había considerado mi mala memoria como un hecho natural, igual que el tamaño de mis pies, y había atribuido a la edad su deterioro, pensé que lo que le pasaba a Stella era un proceso similar: como máximo algo frustrante, pero no una enfermedad. Era una de aquellas cosas que te pasan cuando eres mayor y sobre las que no vale la pena preocuparse: ¡bienvenida al club!

Si, como yo, ya tienes algunos años encima, seguro que te has encontrado deteniéndote en seco en algún lugar familiar durante un largo momento y te has sorprendido murmurando: «¿A dónde voy? ¿Por qué estoy en este centro comercial? ¿Cuál es la llave correcta?». La otra mañana disfruté de un afeitado particularmente placentero y reconstruí en mi mente todo el proceso de enjabonado y rasurado hasta que caí en la cuenta de que no había sacado la funda de la maquinilla. No hay nada mejor que una capa de plástico entre la cuchilla y la barba para conseguir el afeitado perfecto imaginado por los creativos de publicidad. ¿Nos referimos a este tipo de anécdotas al preguntar cuándo lo percibimos por primera vez? ¿Lo mismo que se desarrolló en mí a los ochenta y cinco es lo que atrapó a Stella a los ochenta? Y, si lo es, ¿conseguiré ganarle la carrera hasta llegar al más lúcido y ordinario infarto o cáncer?

No lo digo solamente por curiosidad. Cuanto antes se comience el tratamiento, más igualada es la lucha entre la enfermedad y el fármaco. Los fármacos disponibles hoy en día no curan, sólo retrasan. Pueden prolongar los mejores años.

14

—Cierto —dijo Loughrand, el médico de Stella—. Pero cuanto antes se presenten los síntomas, más posible es que los médicos de hoy en día no les den importancia.

El cerebro de Stella recordó el nombre de su nieto con rapidez. Imaginé un cerebro de infinitos caminos ingeniosamente preparado para tomar los desvíos adecuados frente a las interferencias. Quizá la velocidad de la información fuera menor, de la misma forma que con la edad se camina más despacio, pero se harían los ajustes necesarios y el cerebro conseguiría llegar a donde quería ir. Mi primera idea de lo que tenía que ser mi papel en la nueva situación, antes de que lo que se había apoderado de Stella recibiera un nombre y antes de que me convirtiera en su cuidador, fue que yo debía aportar las palabras que ella había perdido del suministro que aún me quedaba: *Basil… zinnia… Penang… Puvis de Chavannes*. Extrañamente, siempre parecía perder sustantivos: nombres de cosas, de gente, de lugares.

Digo «extrañamente» porque las palabras que mi cabeza había perdido no eran solamente nombres, sino también partes más sutiles del discurso. Intenté explicarme por qué no nos preguntábamos el uno al otro verbos y adjetivos y di con lo siguiente: ella era una persona del mundo de la música y yo del de las palabras. Es significativo que ella escribiera cartas. Las cartas no requieren un gran suministro de palabras que no sean sustantivos. Ella era una consumidora de nombres que coloreaba con un mínimo de verbos que le eran familiares. Yo le daba las gracias cuando me facilitaba alguno de los nombres que le sobraban y para el resto de mis necesidades me peleaba con los diccionarios o miraba a través de la ventana hasta que se me venía la solución a la cabeza.

Cuando Stella fue consciente por primera vez de que estaba perdiendo palabras, no quise que pensara que se estaba quedando atrás. Las palabras sólo eran palabras. Tras ellas la inteligencia estaba intacta. Le sugerí, acompañando la sugerencia con múltiples disculpas (ni tú ni yo somos tan jóvenes como antes; yo me olvido incluso de más cosas que tú), que si su memoria se hacía más lenta, bajara

15

su ritmo de vida, que no esperase tanto de sí misma. Hice más tareas de las que se suelen pedir a los maridos: partía rebanadas de pan, hacía ensaladas y ponía la sopa en el microondas. Comenzamos a comer fuera con más frecuencia.

Aun así, yo diría que ella seguía llevando una vida normal de una forma normal, sólo que con un poco menos de intensidad, pensándoselo un poco más antes de poner un pie delante del otro, pero dentro de unos márgenes aceptables, dentro de lo que cabría esperar de su edad.

Si la vieras por primera vez, encontrarías a una mujer anciana reservada y competente, una mujer que escoge bien su ropa y cuyo caminar es un tanto vacilante. Aquellos que la conocían mejor veían los flecos de lo que yo veía: ahora Stella necesitaba de verdad un brazo que la acompañase a través del restaurante y que la ayudara a sentarse y a levantarse de su silla. Se necesitaba un poco de paciencia para estar con ella mientras buscaba una palabra que no hallaba o se apartaba del tema de conversación. Después de todo, tenía ochenta años.

Un incidente se convirtió en clave para mí, el día a partir del cual comencé una nueva cronología. Asomó la cabeza en mi estudio y me preguntó si querría nabos para cenar. Yo sabía que se refería a los nabos de la granja de Nickerson, que estaba a varias millas por la carretera, los nabos más dulces del mundo. A la hora de cenar encontré en el plato un solitario nabo hervido. Discretamente, comprobé que no se había olvidado nada sobre la encimera o en el horno. Y en la nevera, por supuesto, no había más nabos.

Está preocupada, me dije. La habían invitado a realizar la interpretación principal en el próximo Festival de las Artes y estaba llamando a sus amigos violoncelistas de todo el Estado para interpretar junto a ellos las *Bachianas brasileñas* que Villa-Lobos compuso para ocho violoncelos. A menudo me había hablado de esa pieza y de lo mucho que le apetecía interpretarla, pero nunca había tenido la oportunidad de hacerlo. «¡Ocho violoncelos!», exclamó exultante, entrecerrando los ojos y dando forma en su imaginación a los movimientos con sus firmes manos de violoncelista. Encargó las partituras y comenzó a repartir las partes de la melodía. Las palabras perdidas no eran nada comparadas con la música encontrada.

Comprendí que ocho violonchelos tenían prioridad sobre un menú coherente para cenar, pero recuerdo que a Stella le parecía algo absolutamente normal que un solo nabo fuera todo lo que uno podía esperar en el plato.

¿Qué más? Habitualmente, cuando salimos yo conduzco el coche. A veces ella me recogía en la biblioteca o a la salida del dentista o yo dejaba en el mecánico mi coche para una reparación. En esos casos me era más cómodo subir directamente al asiento del pasajero. Me pareció ver que durante algunos fugaces instantes sus habilidades de conducción tenían lagunas. Se sentía insegura respecto a la secuencia correcta para poner el coche en movimiento: llave, pedal, luces, limpiaparabrisas, marcha y acelerador. También se mostraba momentáneamente insegura sobre qué carretera tomar o por qué calle había que girar. Una calle, después de todo, es un nombre. Llegar a casa, en cambio, requiere verbos y calificativos. De forma perezosa me dije mentalmente qué haría en un caso de emergencia: apartarle de golpe el pie del freno, saltar para hacerme con el volante o agarrar el freno de mano. Sus muestras de indecisión se acababan conforme la rutina de conducir se imponía, pasaban rápidamente y luego volvían de nuevo.

Apretó el acelerador. El coche no se movió.

—Estás en punto muerto.

—Sé cómo conducir.

No le dije: «Aun así, estás en punto muerto». Tal y como estaban yendo las cosas entre nosotros, su respuesta hubiera sido: «Déjame en paz, por favor» o cualquier contraacusación: «La semana pasada te saltaste un semáforo en rojo». Mi respuesta hubiera sido, en el primer caso, que sólo quería ayudar y, en el segundo, que el papel de las esposas no era estar de acuerdo con los policías de tráfico en los casos dudosos. El semáforo estaba en ámbar cuando pasé el cruce. De cualquier modo, eso fue la semana pasada y yo nunca dije que fuera perfecto. El hecho era que ahora mismo el coche estaba en punto muerto.

Nuestra forma de ser siempre nos había llevado a hablar a fondo de cada problema, sacar de dentro todo cuanto tuviéramos que decir al respecto y luego girar página juntos. Me intentaba adaptar a Stella, que ahora reaccionaba a la defensiva incluso cuando por fuerza tenía que saber que estaba equivocada. Me había preparado para que sucediera algo así durante la menopausia, pero Stella realizó aquella transición con notable facilidad. Como no contribuye al bien de ningún matrimonio establecer a toda costa quién lleva razón y quién se equivoca, me mordí la lengua y le di tiempo.

Pero comencé a darme cuenta de que centrarme en la pérdida de vocabulario me había llevado por el camino equivocado. Lo que estaba sucediendo, para ser más exactos, era una pérdida del sentido de cómo se relacionaban las cosas entre ellas, de cuál era el lugar que ella ocupaba dentro del fluir de los acontecimientos. En un sentido metafórico, los nombres permanecían en su vida («freno» y «acelerador» estaban ahí, «nabo» estaba ahí, «cena» estaba ahí), pero otras partes del discurso, las conexiones y los tonos que unían las palabras para formar oraciones coherentes, se estaban aflojando. Miré en mi interior y no encontré que a mí me pasara nada parecido a todo eso.

A las cuatro de la tarde entró en mi estudio y me dijo que la cena estaba lista. ¿Cena a las cuatro de la tarde? Quizá para los granjeros. Quizá para la gente de Iowa. Yo aún estaba trabajando. Quizá Stella había leído mal la hora. Estaba de pie a mi lado y lancé una ojeada a su reloj de pulsera. Las cuatro. Le mostré el reloj de mi escritorio. Las cuatro. No le impresionaba en absoluto. La cena estaba lista. Le señalé la ventana para que viera la luz que aún entraba en aquella tarde de enero. El cielo estaba blanco y todavía se podían distinguir los colores de los tejados y los campos. A nuestra hora de cenar habitual, las luces de las casas de los vecinos rompían la oscuridad. Todo esto no le interesaba demasiado. La cena estaba lista.

Incorporado en la encimera tenemos un reloj que reajusta sus manecillas a una nueva hora cada vez que se pone en marcha el temporizador del horno, a no ser que este último se ponga en marcha con el cuidado de un ladrón de cajas fuertes. Uno nunca puede fiarse de que ese reloj señale la hora exacta. (El diseñador de ese reloj debe de ser socio del que puso el claxon del coche en el perímetro del volante, de forma que en caso de emergencia uno tiene que perseguirlo como a una ardilla loca. Otro socio imprime instrucciones importantes en la superficie irregular de productos de plástico, donde son tan ilegibles como el braille para los que no son ciegos.) La acompañé de vuelta a la cocina. Por casualidad, el reloj de la encimera marcaba la hora correcta: las cuatro. Stella no veía nada extraño en cenar a las cuatro y se enfadó cuando le pedí que guardara mi plato para que más tarde yo lo calentara en el microondas. Ahora estaba trabajando.

La etiqueta «pérdida de memoria reciente» como característica del Alzheimer también me orientó en la dirección equivocada. Esa frase apunta hacia acontecimientos recientes: ayer, el mes pasado o el año anterior al pasado. No insinúa una pérdida de facultades que se produce desde la infancia. Los nombres de las compañeras con las que había ido a la escuela o de las plantas que había en el jardín de su padre no eran recuerdos adquiridos recientemente. ¿Qué había a más largo plazo para Stella, que creció en un hogar tradicional, que saber cocinar? ¿Cuándo había aprendido a conducir? En Pennsylvania nos daban el carnet a los dieciséis años.

Hoy en día hay muchos libros, artículos, programas de radio y televisión y muchos otros medios con los que el lego puede aprender sobre la enfermedad. La Alzheimer's Association tiene sedes en más de doscientas localidades, equipadas con personal y estanterías llenas de literatura sobre el Alzheimer para el que acude con sus preguntas. Y existe más de diez veces esa cantidad de grupos de cuidadores cuyos lugares de reunión están anunciados en ayuntamientos y hogares de ancianos.

Ahora sé que algunos artículos sobre el Alzheimer ya se habían publicado entonces en los periódicos, y cuando miro las fechas del *copyright* veo que existían libros, pero nada de lo que leí sobre la relación entre la pérdida de memoria reciente y las escenas de senilidad ausente que provocaba la enfermedad me pareció que tuviera ninguna relación con Stella.

La explicación más conocida para los síntomas de Stella era que hubiera sufrido un pequeño infarto. En 1994 aparecieron nuevas historias sobre la incidencia, los medicamentos, las dietas y el conocimiento del infarto y de su pariente menos dañino, el ataque isquémico transitorio (AIT).

El AIT suministraba una posible explicación para los cambios que se habían producido en Stella y, ahora que tenía una palabra a la que asociarlos, la conclusión se hacía más evidente. En lugar de estabilizarse en un nivel al que podríamos llegar a acostumbrarnos, su declive se estaba acelerando. Quizás había sufrido uno o dos de esos infartos suaves. Ella nunca habría pensado que pudiera pasarle ese tipo de cosas. Las únicas innovaciones médicas a las que Stella estaba siempre atenta eran las del cáncer de mama. La enfermedad que acabó con su madre fue el cáncer. También su hermana había tenido que extirparse unos pólipos benignos.

El AIT era una cosa por la que había que ir a ver a un médico. Precisamente estaba pensando en cómo hacer que Stella fuera a visitarse sin alarmarla cuando llamó nuestro hijo diciéndonos que había habido un cambio de última hora en el plan de su viaje de trabajo y que vendría a pasar el día con nosotros.

Nuestros hijos viven en diferentes ciudades donde están criando a sus propios hijos, pero somos una familia unida y a menudo les visitamos o nos visitan. Habíamos pasado juntos el día de Navidad y no habían notado nada que no pudiera explicarse por el hecho de que su madre ya había cumplido ochenta años. Atribuían su vaguedad al cansancio, a que tenía que descansar más. En los dos meses que habían transcurrido desde entonces, los incidentes se habían vuelto más frecuentes. Por teléfono les hablé con mucha cautela de lo que sucedía. Cuando Damon llegó, me acerqué a él en el camino de entrada y le pedí que estuviera atento a su madre y me dijera si notaba algo que le preocupara.

—¿Como qué?

Bien, se sentía un poco insegura. No se concentraba bien últimamente. Me había acostumbrado al ritmo de sus ensayos y cada vez eran más cortos; se quedaba sentada mirando la partitura durante mucho rato.

Damon tiene la mente y la educación de un ingeniero.

—¿Cuánto rato?

—Quince o veinte minutos. No está leyendo realmente la partitura, sólo mirándola. En la cocina se siente un poco perdida para saber cuánto tiempo tardan las cosas en hacerse. Se queda sin leche. Siempre ha tenido buena memoria, pero ahora no puede confiar en ella tanto como antes.

—¿Y quién puede? Yo no. Creo que mamá debería dejarse notas a sí misma.

—Hablas como tu hermana.

Es un hijo serio y perspicaz. Él y su madre se quieren mucho. Ya le había dicho suficiente. La conducta y la conversación de Stella podrían parecer normales a los demás, pero él notaría los pequeños cambios en la forma de moverse, en las dudas sobre qué dirección tomar o qué hacer a continuación, que pasarían inadvertidos para un extraño. Habíamos llegado ya a la puerta y Stella se apoderó de él.

Él observó la cuidadosa y estudiada manera en que ella se dejaba caer en una silla y le preguntó si la artritis la estaba molestando. Cuando lo hacía, las molestias se concentraban alrededor de las articulaciones ortopédicas de sus caderas. «Oh, no mucho.» Ella le dijo qué pastillas se estaba tomando. Yo esperé. La artritis no era el tema. En las horas siguientes él le hizo otros comentarios. Se dio cuenta de que olvidaba el nombre de una vieja familia amiga. Pero el tema iba más allá de los nombres olvidados.

Se fueron a una tienda a comprar pescado para comer. Yo me excusé diciendo que tenía que ordenar mi escritorio. Madre e hijo debían estar juntos sin que yo estuviera en medio monopolizando la conversación. Stella ansiaba pasar tiempo con sus hijos. Pudiera ser que le dijera cosas a él que no me decía a mí. Damon y yo hablaríamos luego sobre ello. Es un hombre inteligente. Estaríamos en la misma onda. Me di cuenta demasiado tarde de que no le había dicho que dejara conducir a su madre.

Cuando volvieron, Stella se fue al dormitorio a echarse una siesta y Damon sacó una silla al porche para que pudiéramos mirarnos mientras hablábamos.

—Me he estado fijando en mamá. No está —necesitaba una palabra— bien, ¿verdad?

—Nadie está *bien* a nuestra edad.

—Tiene alguna clase de problema de memoria.

Yo había llegado a esa conclusión meses atrás. Quería que él fuera más allá.

—¿No lo tiene todo el mundo? Ayer, por ejemplo, estuve una hora intentando recordar el nombre del instrumento de dos filos que corta papel.

—Plegadera —dijo—. Yo solía cortar páginas con una plegadera de celuloide de quince centímetros que usaba como punto de lectura. Ahora ya no hay que cortar las páginas de los libros.

Las bromas entre nosotros, él aún en su madurez, yo en la década posterior a lo que se conoce como «tercera edad», son algo tan típico de nuestra familia como las pestañas españolas y los ojos color avellana de su madre enmarcados en una piel pálida y un cabello color trigo. Nuestros hijos han heredado esos rasgos. También han heredado de nosotros la respetuosa manera en que se producen sus rebeliones, como, por ejemplo, sus matrimonios con la chica y el chico equivocados que el tiempo, ¡más de treinta años de casados para los dos!, ha demostrado que fueron las elecciones más sabias posibles, como lo fue también el matrimonio entre distintas tradiciones que desaprobábamos los padres.

—¿Cómo es que te acuerdas del celuloide? Yo pensaba que no recordarías ningún plástico anterior al nailon.

—Celuloide o *isinglass* eran palabras que tú y mamá usabais.

—Una plegadera no tiene dos filos.

—Las plegaderas de celuloide son muy finas. Puedes cortar con cualquiera de los lados.

No ganas muchas discusiones con Damon. Nunca le fue tan bien en los test de elección múltiple como le hubiera ido si se hubiera relajado y hubiera aceptado las preguntas como lo que son: la invención de examinadores cortos de ingenio. Luchaba por encontrar la respuesta correcta como si una sutil deidad le estuviera desafiando desde el otro lado de la mesa. Traía los test a casa y me pedía que le diera la razón: ¿no era esta pregunta irresoluble? ¿No era una respuesta tan buena como la otra? ¿No era su respuesta *mejor* que la de ellos? Yo le daba la razón y lo intentaba ver a su manera: la cuestión no era que ellos averiguaran lo que él sabía, sino que él averiguara lo que *ellos* sabían.

Puede que habitualmente nuestras conversaciones fueran circulares, pero no para eludir ningún tema. Él dijo: «Me parece que es algo diferente de una mera pérdida de palabras».

Estaba llegando.

—Dime lo que viste.

—Al salir del coche mamá se desabrochó el cinturón de seguridad. Se sacó las gafas de sol y las cambió por sus gafas normales y se peleó para meter la caja de las gafas en su bolso. Después volvió a abrocharse el cinturón como si esperara que volviéramos a arrancar en lugar de haber llegado. Me pareció que no lo entendía cuando le dije que no estábamos marchándonos, sino que acabábamos de llegar.

Yo había presenciado algunas escenas como ésa. Stella comenzaba un proceso, de repente se detenía y empezaba a ir hacia atrás hasta que se daba cuenta de lo que estaba pasando. O ni siquiera se daba cuenta. Se ponía los calcetines, pausa, se sacaba los calcetines. Se sentaba para cenar, desplegaba la servilleta, volvía a doblar la servilleta, se levantaba y colocaba la silla en su sitio. Volvía atrás como si nada hubiera pasado. Quizá nada había pasado para ella, sino sólo para el que la observaba. Yo había pensado que simplemente eran *despistes*, que no era tan joven como antes, que debía quitar importancia a esas conductas y no dejar que la molestasen.

—Eso pasó ahora mismo. Cuando salimos me llevó a la tienda donde quería comprar el pescado, junto al banco.

—Tu madre nunca compra el pescado allí. Eso es el Old Central Market, donde compra las verduras. Compra el pescado dos manzanas más allá, en Peterson.

—Me di cuenta de eso. Me miró sorprendida. «Han cambiado las cosas de sitio», me dijo.

Han. Eso era algo que había aparecido muy recientemente en Stella: un impulso de encontrar el error en el entorno, y no en ella misma. Una noche metí su coche en el garaje cuando vi acercarse un aguacero sobre la colina. Al sacarlo marcha atrás la mañana siguiente, Stella golpeó el retrovisor contra el marco de la puerta, desalineándolo. «Aparcaste demasiado pegado a la pared», me dijo. Pensé que era cómico. Se supone que un conductor no sube al coche y avanza sin más. Se supone que un conductor mira a su alrededor antes de hacerlo. Me reí. «Bueno, aparcaste demasiado pegado», repitió.

—Cuando acabamos en la pescadería —dijo Damon—, se dejó el bolso en el mostrador. Me di cuenta cuando ella ya estaba en la puerta y volví a buscarlo. Condujimos hasta casa y entonces pasó lo del cinturón de seguridad. ¿Mamá está perdiendo memoria?

Olvidarse cosas: bolsos, sombreros, guantes. Ir en la dirección equivocada.

—Eres un tipo listo. ¿Lo que viste te lleva a pensar en una pérdida de memoria común y corriente?

Damon es de verdad un tipo listo. Tiene una licenciatura en ingeniería y es el presidente de la filial estadounidense de una empresa sueca de flotas navales. Su trabajo es saber quién necesita un carguero para aceite o grano y quién tiene uno disponible. Tiene que saber qué llamadas hacer y estar en el lugar correcto en el momento oportuno para cerrar el trato, en cualquier parte desde Boston hasta Galveston. Tiene que conocer las tarifas, los mercados, los puertos, los tipos de cambio, los horarios… Tiene que ser rápido y fiable para que la gente prefiera hacer negocios con él. Era un buen hijo preocupado por su madre. Ahora que había centrado su atención en el tema no le iba a tomar demasiado tiempo ver que los clichés sobre la pérdida de memoria y del vocabulario de los octogenarios no se aplicaban a este caso.

—Es más como si no pudiera conectar esto con aquello. Como si estuviera perdiendo la pista de las conexiones entre las cosas.

—¡Has dado en el clavo!

Le hablé de cómo había limpiado una jarra de gelatina en el fregadero y la había guardado en la nevera llena con el agua del fregadero. Le hablé sobre el cajón de los cubiertos.

—Tu madre pone las cucharas en el compartimento de los cuchillos y los cuchillos en el de los tenedores. Nunca había hecho algo así antes. Tu madre siempre ha sido el epítome del orden.

Le hablé de cómo al salir de la librería se había confundido y había girado a la izquierda en lugar de a la derecha, hacia la oficina de correos donde le había dicho que la esperaría. Cuando no vino comencé a buscarla en los lugares más lógicos: la librería y el parque. Nadie la había visto. Paré a un coche patrulla y le pedí al policía que transmitiera por radio una orden de búsqueda. Un policía la encontró parada en la carretera de Holman's Meadow. Ella le dijo que estaba intentando volver a casa. Hubiera tenido que dar la vuelta al mundo entero para llegar a casa yendo por Holman's Meadow. Y hubiera tenido que dar la vuelta al universo entero para volver a casa mientras estaba parada.

Le dijo al policía que yo no estaba donde le había dicho que me recogiera, que me había olvidado de ella y me había ido a otra parte.

—Una vez lo hiciste —dijo Damon—. ¿Se da cuenta mamá de todo esto?

—A veces sí, a veces no y a veces no lo sé. Reacciona de forma peculiar. Ha adoptado un mecanismo que no le permite reconocer que está equivocada incluso cuando por fuerza debe saberlo. Se encierra en sí misma y no quiere discutir las cosas. Esta mañana se había hecho media docena de nudos en los cordones de los zapatos. Le pregunté: «¿Y eso?». No me hizo caso. Simplemente me lanzó una mirada vacía. Estaba como ausente. No pensaba discutir de ninguna manera.

—¿Por qué ibas a querer discutir tú? Deshaz los nudos y olvídate de ello.

—Lo estoy intentando. Aún no lo he logrado, pero lo estoy intentando.

—Mamá dice que te estás volviendo un mandón.

—Lo sé, a mí también me lo dice.

Para zafarme de tener que contestar a tales acusaciones, tenía un mantra: *pensaba que estaba ayudando.* Cuando me descubría emanando cierto tufillo de santidad y paciencia, me decía a mí mismo que tenía que bajar del pedestal. De todas formas, nuestros momentos de descontento nunca se extendían más allá de unas pocas horas. Al principio de nuestro matrimonio oímos aquello de no irnos nunca enfadados a dormir, lo probamos y nunca habíamos roto ese hábito.

—Dice que le enseñas cómo tiene que cocinar —dijo Damon.

Lo que pasaba en realidad es que quería que la ayudase en la cocina pero siguiendo sus normas, y yo me adelantaba una y otra vez. Tenemos una cocina larga y estrecha. Yo cogía cosas por encima de lo que ella estaba haciendo e iba de un lado para otro. Ella ya no cortaba una zanahoria de la manera que solía hacerlo, repiqueteando de un extremo a otro como un *chef*. Ahora cortaba una rodaja, volvía a colocar la zanahoria, cortaba otra rodaja, se quedaba mirando por la ventana, olvidaba que había estado cortando la zanahoria y comenzaba a hacer café. Sacaba la mantequilla de la nevera, cerraba la nevera, la abría de nuevo y volvía a meter la mantequilla.

Le recité mi mantra a Damon.

—Intento ayudar. Puede pasarse dos horas tratando de preparar una comida. Trato de ser sutil y conducirla…

No le gustó que su padre condujese a su madre. No era la imagen que tenía de nuestra relación. La idea de que su madre se estuviera derrumbando no le resultaba cómoda y aprovechó para cambiar de tema.

—Mamá agradece que intentes ayudarla, pero quizá deberías contenerte un poco. A ella todo esto le parece una especie de lucha de poder. ¿No sería buena idea dejarle que encuentre su propio ritmo?

—Suena fácil. No me estoy quejando. Sólo te estoy contando lo que sucede.

—Si pudieras, simplemente, trabajar junto a ella y comportarte de forma sumisa —sonrió ante el absurdo. La imagen que tenía de su padre no era la de alguien sumiso— y servicial.

El tema había cambiado del estado de su madre a mi papel en el asunto. No podía oponerme al sentimiento caballeresco de un hijo en favor de su madre.

—Haz tú de sumiso y servicial —le sugerí—. Haz la ensalada. No levantes un dedo para hacer nada más y mira qué pasa.

Vinimos aquí hace un cuarto de siglo, sin esperar que viviríamos estos años «extra». Habíamos vivido en grandes ciudades, trabajando en lugares donde necesitábamos a otros y otros nos necesitaban. Aquí tenemos una casa de campo hecha a medida para una mujer con un violoncelo y un hombre con una máquina de escribir, con espacio para la familia o los amigos que nos vengan a visitar. Las estancias de día rodean a la chimenea sin paredes que se interpongan. La cocina comienza en el mostrador del desayuno, el estudio comienza tras las estanterías que están una contra otra. Allí donde han desaparecido las paredes, pilares de madera sostienen el segundo piso. En las ventanas hay comederos en postes para pájaros a prueba de ardillas, el jardín está en el barbecho de principios de invierno y hay lugares para que aniden los pájaros en los abetos, el boj, los rododendros y los brezos. Stella se siente abrumada en este entorno que ella misma escogió.

Puse la mesa mientras Damon buscaba en el cajón de las verduras todo lo que necesitaba para la ensalada y Stella se movía pausadamente de una tarea a otra sin ningún orden ni método. El hecho de que ahora estuviera encorvada y tuviera finas arrugas apenas disminuía mi satisfacción al ver que su belleza siempre había sido la apropiada para cualquier momento de su vida. Lejos del «aburrido perfil de Cliveden» —según la frase de V. S. Pritchett—, en el que el joven pretendiente esperaba acabar encontrándose con una mujer de hombros estrechos y cara pegada al hueso, Stella tenía unas caderas abruptas y nudosas. Un joven terapeuta las admiró el año pasado: «¡Vaya caderas!». Viniendo de alguien de su profesión, era un gran cumplido.

(Si te sientes incómodo con el hecho de que existe atracción erótica hacia una mujer de ochenta años —ochenta y cinco cuando escribo esto— sufre más: los pechos caídos, icono del destino de una mujer anciana, hacen que la superficie de la curva se estire tanto que, en medio de la decadencia física, los pechos son tan suaves como los de una novia. No me privé del privilegio nocturno de ayudarla a desvestirse hasta hace más o menos un año, durante su cuarto año de Alzheimer, cuando comenzó a encargarse un ayudante. Yo espero a su lado. Stella ya no se queda nunca enredada en el camisón, con su cabeza en la manga, ni llama: «¿Puedes ayudarme, cariño?». Acepta que la ropa se le ponga sólo con su participación pasiva. Aun así, cuando su cabeza emerge a través del cuello de la prenda, como si fuera un juego, sonríe al verme para darme a entender que yo también estoy en el juego.)

Damon y yo hablamos sobre mis nietos, sobre el próximo viaje de Damon a Suecia y sobre el concierto de violoncelo. Cuando Stella hablaba, dejaba lo que estuviera haciendo, como si sólo pudiera realizar una tarea a la vez, y luego, antes de comenzar de nuevo, se ponía como a soñar despierta.

Stella rebuscó en libros de cocina y ficheros de recetas para encontrar su receta de pescado al horno, que hasta yo me sabía de memoria. Había que asarlo en la bandeja de vidrio. Después se le ponía un poco de mantequilla, sal y pimienta y una pizca de hierbas secas del segundo cajón contando hacia abajo. Entonces se añadía un poco de leche. Stella giraba el temporizador del horno, pero se olvidaba de poner la temperatura. El horno no se enciende a no ser que ambos estén activados. Le pregunté si quería que yo pusiera la temperatura. Me dijo que sí, no como si se hubiera olvidado de ello, sino como si ése fuera el momento exacto de hacerlo y ella misma hubiera estado a punto de girar el termostato. Cuando sonó la alarma del temporizador indicando que el pescado estaba listo, puso una cacerola de agua para hervir arroz. Acto seguido, sacó del congelador una caja de guisantes. Preparar la cena se estaba convirtiendo en un culebrón.

—¿Para qué te molestas en eso, Stell? ¿No hay suficiente con la ensalada?

La dejamos trabajando en la cocina y nos fuimos a ver el partido de Michigan, mi universidad, que daban en la televisión, pero apenas nos habíamos sentado cuando escuchamos una pequeño grito y saltamos hacia lo que sonaba como un accidente. Stella estaba poniendo toallitas de papel en el mostrador. Una película de agua se extendía lentamente y no se limitaba a empapar la bayeta, sino que seguía saliendo de la superficie de vinilo, amontonándose y superando el reborde de metal hasta derramarse en el suelo. Las toallitas de papel estaban manchadas de marrón. En la cafetera estaba encendida la luz roja, pero no había ningún recipiente sobre el plato caliente. Tuve que hacer todas estas apreciaciones instantáneas antes de que mi cerebro dijera ¡café! «¡Eh!», grité al mismo tiempo que Damon arrancaba el enchufe de la pared. Stella había olvidado poner la jarra de la cafetera bajo el goteo. No estaba enfadada, sino más bien desconcertada y, eso creo, grabándose en la memoria que yo había gritado.

Nos sentamos a ver las noticias de la televisión después de cenar. Le pasé a Stella el mando a distancia. Hacía ya varios meses que nos habíamos comprado una nueva televisión y un vídeo. El mando a distancia, de lo más moderno, parecía innecesariamente voluminoso, pero era el producto del esfuerzo combinado de dos empresas del Fortune 500 y así se había de aceptar. El manual de instrucciones de veinte páginas se dedicaba prioritariamente a enseñarnos cómo grabar programas que se emitían cuando no estábamos allí. Las muchas y atractivas posibilidades de esta función le hubieran parecido pura brujería a Stella en sus mejores años, y yo, que había conseguido aprender con mucho esfuerzo cómo poner en marcha y apagar el trasto, cómo cambiar los canales o ajustar el volumen o cómo conseguir la bendita paz de dejarlo mudo, jamás conseguí transmitirle a ella este conocimiento.

Damon sacó una hoja de papel del montón que había junto al ordenador y dibujó un cuadro con letras grandes y flechas apuntando a los botones. Es un ingeniero. Le murmuré que yo también había hecho cuadros, pero que el suyo era, sin duda, mejor.

Ya había llegado la hora en que se tenía que marchar. Le acompañé a su coche.

—¿Crees que mamá debería ver a un médico? —me preguntó.

—Estoy ingeniándomelas para que lo haga —le dije—. No quiero alarmarla.

Proponerle a Stella que fuera a ver a un médico por una causa tan ordinaria como *palabras perdidas* o tan vaga como *fallos de memoria*, incluso cuando ella misma sabía que algo no iba bien, me parecía que le iba a crear angustia. Seguramente se envararía y me diría: «*¿Ir a ver a un médico para qué?*».

No teníamos la sensación de que hubiera peligro. Damon estaba tan preocupado como yo, pero no había sangre, no había marcas, ni hinchazón, ni dolor punzante ni de ninguna otra clase. No había habido viajes en ambulancia a medianoche como uno imagina al pensar en una urgencia. Al contarlo parece que los síntomas abarcaran toda la vida de Stella, pero sólo eran episodios aislados en días que, por lo demás, eran normales. «Mantente en contacto», me dijo Damon y me pasó el brazo por los hombros como un camarada.

La tarde siguiente Marion llamó por teléfono desde Washington. Stella cogió la llamada. Como su hermano, Marion es una hija amante, seria y observadora. Dirige una agencia de asistencia social. Tenía que ir a Boston para una reunión la semana siguiente. Iba a pasar a vernos durante un par de días.

—Eso es maravilloso —dijo Stella.

Hablaron hasta que Marion le pidió que me pasara el teléfono.

—¿Qué está pasando, papá?

—Has estado hablando con tu hermano —le dije.

—Por supuesto. ¿Podemos hablar?

—Siempre estamos encantados de verte. Pero no quiero que hagas este viaje expresamente para venir a visitarnos.

Stella me hizo una mueca. A ella no le importaba si sus hijos tenían que venir desde la luna. No los veía tan a menudo.

—¿No puedes hablar? Intentémoslo. ¿No sería buena idea que tú y mamá os sentarais con algún experto en relaciones interpersonales? Tenéis que tener a alguien donde estáis. Si no conoces a nadie, podría buscarte a alguien desde aquí.

Ella lo veía como un problema entre sus padres. Un consejero sabría de qué iba el asunto. Los consejeros tenían licenciaturas, hacían las preguntas adecuadas, las sugerencias precisas y mediaban entre las partes.

Stella y yo siempre habíamos huido de tales encuentros. Éramos nuestros propios psicólogos. No habíamos necesitado consejeros para criar a nuestros hijos en los sesenta y ciertamente no los necesitábamos para nosotros en nuestra edad madura. Estábamos de acuerdo en que mucha gente carecía del conocimiento, los recursos, la perspectiva y la confianza necesarias para enfrentarse a las crisis de la paternidad, el matrimonio, la menopausia o el desempleo, y podía necesitar a una tercera parte para ayudarle a salir adelante. Pero nosotros no éramos de ese tipo de gente. La gente acudía a nosotros para tener a alguien con quien hablar de las cosas. Enviábamos cheques a las instituciones de asistentes sociales como se los enviamos al United Fund, como un deber de ciudadanía.

—Claro —le dije.

Marion se sorprendió por lo rápido de mi sí. Sabía que sus padres eran del tipo de gente que no iba a consejeros. Si acaso, íbamos al médico. Esperaba una discusión más larga.

—¿Lo harás?

Había querido decir que era evidente que ella pensaba que un consejero era una buena idea. Ella era una asistente social. No pude dar mi respuesta entera porque Stella habría oído *consejero* y me hubiera preguntado de qué iba todo aquello. Le dije: «Veremos».

Ella notó en mi voz que no iba a hacerlo. «¡Oh, papá! Al menos piénsalo un poco. ¿Me llamarás mañana por la mañana a la oficina, cuando podamos hablar?»

—Claro, pero básicamente aquí estamos bien.

—Lo sé. Iré para allí el jueves. Jerry quiere hablar contigo.

Hablar con mi yerno es muy diferente a hablar con mi hija. Ella es bulliciosa, directa, generosa, va siempre al grano. Jerry se queda al fondo de la pista y devuelve siempre las bolas, esperando encontrar pronto una apertura. Él es arquitecto y también enfermero en la brigada de emergencias de su ciudad. Mejor invertir el orden: es enfermero y también arquitecto. Una noche de cada diez duerme en el parque de bomberos. Si no tuviera cincuenta y tantos seguramente estudiaría para ser médico.

—¿Qué está pasando con Stella? —su propia madre ya era mamá cuando conoció a los padres de Marion. «Señora» era demasiado formal. El rango de Stella en la jerarquía estaba implícito—. ¿Puedes hablar?

Stella había perdido interés en la conversación y había dejado la habitación. Marion podía unirse a nosotros en su otro teléfono si quería.

—¿Qué puedo decir? Stella se está haciendo mayor. Está un poco insegura.

Me estaba acostumbrando a usar frases que incluyesen «insegura». Era una palabra que no comprometía y lo abarcaba todo, era sugestiva sin llegar a ser alarmante. Podía verle incluso a través de la distancia: atento, organizado para escuchar. Comenzó a trabajar para hacer que yo fuera más directo. Marion descolgó el otro teléfono: «¿Se trata de descuidos? ¿Se olvida de citas? ¿Es la forma en que camina?».

—Algo de todo eso. No camina con mucho vigor, pero aún recorre media milla en la cinta. Parece que se siente segura en la máquina. Cuando quiere salirse de la cinta suele ser porque empiezan a dolerle las caderas. Fue a un chequeo con el ortopedista que le implantó las prótesis. Para él, todo parecía estar bien. Le dijo que no debía preocuparse por los dolores suaves, que se tomara un par de aspirinas. Por lo visto, cuando hace determinado tipo de tiempo, la artritis tiende a desplazarse hacia sus prótesis de cadera. Sigue haciendo ejercicio.

—¿Él la vio caminar?

—Arriba y abajo, en el vestíbulo.

—¿Y, cuando caminaba frente a él, lo hacía de la misma manera que nos dices?

—Sí. Lentamente y de forma poco firme, como si quisiera asegurarse de que un pie había bajado antes de levantar el otro.

Jerry procesó mi respuesta.

—¿Y no dijo nada sobre eso? ¿Os dijo que fuerais a ver al médico de cabecera?

—¿Os recomendó ir a un neurólogo? —dijo Marion.

—No, dijo que las prótesis de cadera estaban bien.

—Cada uno se concentra en lo suyo —dijo Jerry—. ¿Qué más te hace decir que está «insegura»? Todos nos olvidamos de cosas.

—Entiendo lo que dices. No soy un hipocondríaco. Tiene algunos problemas de memoria, pero me refiero a cosas como perder de vista lo que está haciendo en la cocina y perder el sentido de la orientación y el control cuando está conduciendo.

—¿Sus reacciones son más lentas?

—Yo diría que sí.

—¿Crees que debería pensar en dejar de conducir?

—¿Quieres ser tú el que se lo sugiera? Conduce mejor que la mayoría de los conductores de ahí fuera. No es conducir —llevar el volante y frenar— lo que se está yendo, sino su sentido de la localización. Está un poco insegura respecto a dónde se encuentra. Se olvida de por dónde tiene que girar hasta que está justo sobre la desviación. Piensa que me estoy pasando las salidas de la autopista porque ve a los coches de delante tomarlas y cree que nosotros también deberíamos hacerlo. Y eso en carreteras que conoce bien. Pero sobre todo en la cocina me doy cuenta de que las cosas no están yendo de la forma habitual. No sé muy bien cómo explicarlo. A veces parece que no es capaz de hacerse cargo de toda la situación con todas las implicaciones que esto conlleva. Sólo ve una parte de lo que está pasando.

—Damon nos lo explicó —dijo Marion.

—Bueno, Damon es un testigo fiable.

—¿Crees que Stella puede estar preocupada por algo sin darse cuenta? —preguntó Jerry—. ¿Parece deprimida a veces?

—No, nada de eso. Lo mejor que puedo decir para describirlo es que a veces se para en seco y parece aislarse dentro de sí misma. No se comporta como si estuviera deprimida. Es más como si estuviera descansando. Me doy cuenta de ello cuando está ensayando. Estoy acostumbrado a escuchar cierta regularidad y constancia en sus ensayos. Ahora su atención parece desvanecerse. Se olvida de la partitura y parece como si soñara despierta.

—¿Ella es consciente de este tipo de cosas que nos explicas? ¿Habla a veces de ello?

—Sabe que no camina bien. Sabe que su memoria le está fallando y yo trato de tranquilizarla al respecto. Por lo que respecta al coche, la cocina y las otras cosas, sinceramente no estoy seguro de si es consciente de ello. No le gusta que le llame la atención sobre ello.

—¿Va a ir a ver al médico?

—Tendré que apañármelas para que lo haga.

—¿Y qué tal tú? ¿Esto te quita el sueño?

—Yo estoy bien.

—Piensa en ti mismo. Tienes que cuidarte —hubo una pausa momentánea durante la que pensé que esperaba que yo dijera algo—. Eres lo más importante para Stella —añadió después.

En adelante, escucharía «tienes que cuidarte» muchas veces. Es lo que se le suele decir al cónyuge.

Al llegar desde el jardín a mi casa oscurecida por la penumbra del crepúsculo, paseé por las habitaciones llamando suavemente a Stella. No había ni una sola luz encendida y no quería despertarla si estaba echando una cabezada. La encontré en el baño, de pie frente al espejo en la oscuridad del crepúsculo.

¿Qué estaba haciendo?

Me dijo que estaba vistiéndose. Parecía confundida. Le pregunté si había estado durmiendo.

—Un poco —me dijo.

—¿Sabes qué hora es? —encendí la luz para que pudiera leer la hora en su reloj.

—Son las seis menos cuarto.

Yo tenía una sospecha.

—¿De la mañana o de la tarde?

—De la mañana.

Cuando le dije que era por la tarde, hora de cenar, no lo entendía. Fuimos a la cocina y se tomó un bol de cereales. Yo contaba con encontrar algo que calentar en la nevera. Gradualmente, los programas que había en la televisión la fueron convenciendo de que realmente era por la tarde. No era cuestión de cambiar de opinión. Simplemente dejó de existir en el modo de mañana y pasó al modo de tarde.

—Te has despistado un poco —le dije—. Puede que tu química esté un poco fuera de sitio. Quizás haya alguna píldora de la que deberíamos saber. Voy a llamar a Loughrand por la mañana y pedirle cita para ti —Stella no se resistió en absoluto.

La secretaria de Loughrand tomó nota de la cita y yo hice mi particular seguimiento del tema enviando una nota al doctor sin que Stella lo supiera:

Cuando vea a Stella, por favor, tenga en cuenta que algo le sucede que la lleva a sentirse desorientada en lo que respecta al espacio y al

35

tiempo. Puede que usted no se diera cuenta de ello en una visita corriente, ya que su conducta social es normal.

Parece que ocasionalmente se le escapa el sentido del proceso que está realizando en ese momento. No se trata solamente de la mala memoria que trae consigo la edad anciana, como olvidar citas, no encontrar las gafas, etc. Ya esperábamos eso.

Ejemplos: no estar segura de si hemos pasado marzo o si es el mes que viene. Confunde dentro y fuera, delante y detrás, arriba y abajo, izquierda y derecha, mañana y tarde.

Le sucede mucho lo que yo llamaría soñar despierta. Se sienta sin hacer nada. No hay ningún rastro evidente de depresión.

Pierde la habitual competencia física al conducir un coche. Tiene que pensar qué hacer a continuación, dónde parar el cambio de marchas cuando lo saca del aparcamiento, etc.

También camina de forma poco firme. Fuimos a ver a Kelley el mes pasado. Él dice que las prótesis de cadera están bien.

Estoy preocupado por si esto pudieran ser los efectos de pequeños infartos de los que no sabemos nada. Stella casi nunca sufre dolores de cabeza. Una o dos aspirinas los hacen desaparecer.

Por favor, le ruego que trate esto como iniciativa suya sin implicarme a mí. No deseo que parezca que intento hacer algo a espaldas de Stella, y eso incluye que no le mencione esta nota. No quiero alarmarla a ella, pero quiero estar seguro de alertarle a usted.

Al releer esa carta cuatro años después, es toda una lección de humildad comprobar que pude haber sido tan obtuso. Quería estar por delante del problema desde el principio, cuando en realidad ya había llegado tarde. No sólo no mencioné el Alzheimer en la nota a Loughrand como una posibilidad, sino que ni siquiera pensé en ello hasta que Stella y yo estuvimos en el coche de camino a su consulta.

Antes de hacer preguntas médicas a los doctores, intento consultarlas en *El manual Merck*. En 1994 actualicé mi biblioteca comprando *El manual Merck de geriatría* y me consideré tan informado sobre medicina como cualquier otro lego pudiera estarlo. No es que entienda muy bien la jerga médica ni crea que puedo estar al nivel de un profesional que se ha graduado en una universidad y ha practicado la medicina casi hasta la edad de la jubilación, pero sí que había sacado del *Merck* bastante información sobre síntomas y falsos síntomas, los tratamientos más adecuados y los parámetros básicos en que se iba tratar el problema del paciente.

En los días anteriores a la cita de Stella cogí el *Merck* y busqué «infarto», me abrí camino a través de «cardiovascular» y cambié a «desorden neurológico», donde fui conducido a través de la maraña de páginas escritas con letra pequeña pero con buenos índices, referencia a referencia, hasta «demencia senil del tipo Alzheimer». Ahora sé, después de haber leído muchos libros y artículos especializados, que en las doce páginas de escritura apretada que el *Merck* tiene desde la entrada «envejecimiento normal y patrones de enfermedad neurológica» hasta «DSTA» están todos los hechos que un lego debe saber sobre el Alzheimer. Los hechos, pero no la experiencia de la enfermedad. El Alzheimer no sólo es algo específico en el sentido médico, sino que también es un sinfín de molestias inesperadas para las que aquellos que fueron cuidadores tratan de preparar a los demás.

Antes de aquella primera ojeada al *Merck*, el Alzheimer ni siquiera figuraba entre mi vocabulario. Leía artículos sobre Argelia con más atención de la que prestaba al Alzheimer. Si me hubieran pedido que lo deletrease, hubiera sido incapaz de hacerlo.

El *Merck* no me convenció de que la «demencia senil del tipo Alzheimer» tuviera algo que ver con Stella. Al contrario, la misma palabra «demencia» era ridícula al referirse a la mujer esencialmente normal que era Stella. Demencia era locura. Demencia apuntaba directamente a Abraham Lincoln señalando a la pared de ladrillo del asilo y diciéndole a su pobre mujer que ella iba a acabar allí si no entraba en vereda.

Las primeras palabras del párrafo crucial eran: «La primera fase de la DSTA se caracteriza por la pérdida de la memoria reciente». Si ésa era una característica esencial, lo que le estaba pasando a Stella tenía que ser otra cosa. Volvía una y otra vez a las mismas preguntas: ¿qué hay de reciente en saber cómo conducir un coche? ¿Qué hay de reciente en saber cómo hacer un huevo revuelto?

No leí atentamente lo que venía después: la enfermedad se caracteriza por una «incapacidad para retener nueva información, problemas de lenguaje y cambios de humor». ¡Cuántos días y horas de cambios inesperados de conducta están comprendidos en esas palabras, «cambios de humor»! Podría haber «cambios en la personalidad. Los pacientes pueden tener dificultades progresivas en realizar las actividades cotidianas (por ejemplo, equilibrar su presupuesto, encontrar el camino hacia algún lugar o recordar dónde pusieron las cosas)».

El *Merck* advertía de que la enfermedad seguiría su maligno curso y de que los síntomas aparecerían de forma más o menos agresiva y en diferentes momentos según el caso concreto, sin ninguna progresión o relación estricta. En un enfermo puede que nunca se diera la «paranoia, depresión y agitación» que torturaban a otro. En sus primeras fases, el Alzheimer podría «no afectar a las capacidades sociales. Los pacientes pueden ser conscientes de su problema, haciendo difícil para el médico descubrir los problemas cognitivos». Y, finalmente, añadía: «El DSTA es incurable».

Nada de esto me pareció que tuviera que ver con Stella, ya que ni siquiera había cruzado el umbral del primer síntoma, la pérdida de memoria reciente. Por tanto, no era candidata a sufrir esa enfermedad incurable y destructora de cerebros que podría estar tan disimulada bajo una conducta social normal que pasara desapercibida hasta para los doctores.

No se me ocurrió que la expresión «memoria reciente» significa para los profesionales de la medicina algo distinto de lo que significa para mí o para ti. Nosotros pensamos en acontecimientos reales en vidas reales. Ellos piensan en la habilidad del paciente para recordar cadenas de palabras específicas tras un breve período de tiempo. Papel. Mesa. Establo. Avión. Cinco minutos después: ¿puedes repetirme ahora aquellas cuatro palabras? El test parecía demasiado elemental como para ser significativo, pero, como aprendí más tarde, tenía una gran virtud: funcionaba.

Durante aquella mañana en que íbamos a visitar a Loughrand, la palabra de moda que definía mi estado mental era «negación». Estupidez hubiera sido una palabra más exacta.

A su lacónica manera, el *Merck* mencionaba un test de «resta de sietes» como un instrumento muy útil para detectar el Alzheimer, pero no explicaba en qué consistía. Seguramente para los lectores especializados era un test muy conocido. La cita del *Merck* me recordó un artículo que había leído en una revista que mencionaba un test de los sietes aún más simple que el test de recordar cadenas de palabras. Pensé que me debía de haber pasado algo por alto. Si hubiera sido un test de múltiples opciones, Damon hubiera sospechado que había algún truco y hubiera estrujado cada palabra para sacarle un significado oculto. De camino a la cita con Loughrand, los sietes me vinieron a la cabeza y le dije a Stella: «Mira, aquí va un test aritmético para ti. Vamos allá. ¿Estás preparada? Resta siete a cien».

No me contestó. ¿Creía que era una pregunta con trampa?

—Vamos, cien menos siete.

Contestó de forma tentativa.

—¿Ochenta y ocho?

Las matemáticas no estaban embebidas en Stella tanto como en muchos músicos, pero tenía una licenciatura en empresariales y había controlado nuestras finanzas durante muchos años cuando yo era demasiado impaciente como para llevar una cuenta actualizada con la que discutir el extracto mensual del banco. Le concedí un momento para que lo reconsiderase. No lo hizo.

—Aquí viene el siguiente paso. Quítale —le dije usando el lenguaje de nuestra infancia— siete a noventa y tres.

De nuevo, la duda. Cuando llegó la respuesta estábamos en el reino de la magia, de los sortilegios, no de la aritmética.

—¿Ochenta y tres? No, ¿ochenta y cuatro? —pareció que se fundía un fusible—. ¿Setenta y ocho?

Mi pie relajó suavemente la presión sobre el acelerador como si quisiera retrasar pensar en lo impensable. Vi con lenta claridad que mi mujer, cuya mano me apresuré a acariciar, sufría un inexorable, abrasivo, incurable mal del cual ella no tenía conocimiento. Hubiera querido quedarme en esa apacible carretera a través del campo y tomar la larga circunvalación alrededor de la marisma que retrasaría nuestra llegada a la consulta del doctor Loughrand hasta que me sintiera más entero.

—Casi —le dije.

Llegamos a la desviación que llevaba directamente a la consulta de Loughrand y giré hacia allí.

2

El nuevo médico de cabecera

Cuando llega la décima reunión de ex alumnos de tu instituto muchos de los que nacieron en tu generación ya no están: mortalidad infantil, escarlatina, paperas, sarampión, mastoiditis, gripe, difteria, mordedura de serpiente, muertes al dar a luz, bajas de guerra, víctimas de la polio o de un accidente industrial o de un accidente de tráfico, víctimas, en suma, de los infinitos peligros que presenta la vida.

Nuevas generaciones se unen al juego año tras año. Algunas de las causas de la lista anterior ya no aparecen tan a menudo —las enfermedades infantiles han sido descartadas casi por entero—, otras fueron eliminadas por los antibióticos y otras más por las vacunas. En los lugares que dejan vacantes han aparecido nuevas y complicadas palabras: sida o que te disparen desde un coche.

Tú estás en buena forma. En tu quincuagésima reunión los principales desafíos parecían seguir siendo el cáncer y las enfermedades cardiovasculares y para éstos a menudo se ofrecen segundas oportunidades por buen comportamiento: ¡haz ejercicio! ¡Evita las grasas poliinsaturadas! ¡Respira hondo! ¡Practica el yoga! ¡No te preocupes tanto! Y puede que con ello consigas la recompensa de una buena salud en tu edad anciana y disfrutes de un fallecimiento tranquilo.

Entonces comienzas a oír una palabra sobre la que jamás habías pensado mucho: Alzheimer. Esta causa ha aparecido muy pocas veces en la lista de amenazas de tus coetáneos. Está ahí para gente de sesenta y muchos o setenta o incluso mayor. ¿Alzheimer? ¿Cómo se deletrea? Seguro que los médicos ya están encontrando algún remedio. Seguro que pronto será eliminada de la lista, como la polio o el sarampión. Pero aún sigue ahí.

A largo plazo puede que Alzheimer sea la única palabra que tengas que aprenderte bien. Los médicos no están encontrando ningún remedio y no hay segundas oportunidades. La Alzheimer's Association, que está al tanto de estas cosas, dice que si tienes sesenta y cinco mires a tu alrededor: una de cada diez personas de tu edad tendrá Alzheimer. Si llegas a los ochenta y cinco, las probabilidades son de una de cada dos.

Piensa en ello. La gente cada vez vive más tiempo. Si esperas llegar a los ochenta y cinco, espera también que tú o tu esposa tengáis Alzheimer. El que no lo sufra será el cuidador del otro. Stella y yo no pudimos escapar a esa estadística.

Tendría que haber entrado con Stella en la consulta del doctor Loughrand, pero desde su primer embarazo jamás la había acompañado más allá de la sala de espera. Puede que en el hecho de no acompañarla hubiera algo de los tabúes habituales en nuestra generación y, sin duda, había un componente aún mayor de respeto mutuo por la individualidad del otro, pero ante todo era un hábito. Jamás hubiera esperado que me acompañara al urólogo mientras yo hablaba sobre mi próstata, pero es que no íbamos juntos ni al dentista, donde la privacidad no era más importante que en el barbero o en el centro de estética, lugares que, dicho sea de paso, también visitábamos por separado. Tras las paredes de nuestra casa, Stella y yo éramos tan modernos como nuestros hijos. Después de las visitas a los médicos nos dábamos una explicación completa de lo que había pasado.

Desde aquella media hora con Loughrand, Stella nunca ha vuelto a visitar a un médico sin tenerme a mí sentado a su lado. Estoy con ella para asegurarme de que un oftalmólogo ocupado no la fuerce sin darse cuenta a decirle que ve tal cosa más clara que tal otra hasta que ella no esté completamente segura y satisfecha de su elección. Las minúsculas diferencias de apreciación puede que a él no le importen, pero entonces, ¿por qué pregunta? Hoy Stella ya no puede mantenerse en pie mientras le hacen una radiografía, así que estoy sentado a su lado el tiempo que lleva hacerle una mamografía mientras está echada. Estoy allí cuando el asistente de laboratorio le extrae tres muestras de sangre y Loughrand le examina el colon y le limpia el cuello del útero. Estoy allí para recordar cuánto hace que le implantaron las prótesis de cadera, qué alergias sufre, cuánto tiempo está cada día en la cinta y a qué velocidad camina. ¿Cada cuánto orina? ¿Tiene problemas para conciliar el sueño? ¿Cuántos vasos de agua bebe cada día? E incluso, últimamente, tengo que estar allí para confirmar cuántos nietos tiene. Para ella se ha vuelto un poco difícil distinguir dónde acaban los hijos y dónde empiezan los nietos.

Estoy siempre atrapado entre Stella, que quiere que yo recuerde por ella, y el interrogador, que quiere que ella recuerde sola. Estoy siempre preparado para inhibirme de la conversación si sospecho que el que pregunta cree que mi presencia puede hacer que Stella se sienta cohibida en preguntas sobre sexo o sobre sus sentimientos más profundos. Pero si de algo estoy seguro es de que Stella quiere que yo esté con ella y, por tanto, me quedo (excepto en el dentista: nunca he visto una consulta de dentista que tenga una silla para que una tercera persona vea el espectáculo).

Aunque mis intenciones justifican la confianza que Stella me profesa, yo mismo me cuestiono constantemente mi conducta. Nunca me he recuperado del todo del hecho de que pude haber visto muchos meses antes, o incluso años, que lo que le pasaba no era sólo cuestión de la edad; podría haber visto que el Alzheimer se había apoderado de ella. Si me hubiera dado cuenta antes, Stella podría haber comenzado a tomar su medicación antes, pero claro, yo entonces tampoco sabía eso.

Aquel día, mientras aguardaba en la sala de espera de Loughrand pensando en los malditos sietes, me hice a mí mismo el test y comprobé que no me costaba llegar a los cuarenta y pico si me concentraba y tenía un poco de paciencia. Me asaltaban preguntas: ¿podría Stella concentrarse, hacerse *ella misma* el test y sacarlo bien? Si estuviera *escrito*, ¿podría sacarlo bien?

Loughrand se asomó a la puerta de la sala de espera lo justo para decirme que mi mujer estaba en buen estado físico. No siempre puedes leer exactamente a través de las gafas y la barba de este hombre fornido y peludo lo que realmente quiere decirte. Dijo, a través del marco de la puerta, que tenía «algunas ideas» sobre las que teníamos que hablar la semana siguiente, cuando tuviera los resultados de las pruebas. Mientras tanto había preparado un volante para el laboratorio de análisis de sangre y otro para que Stella se hiciera un escáner tomográfico, ambos en el hospital. De camino a casa, pregunté a Stella cómo le había ido.

—Dice que estoy en buena forma. Le dije que se me olvidaban cosas. Me preguntó lo que siempre pregunta: si estaba teniendo migrañas. Le dije que sí, que he tenido dolores de cabeza de vez en cuando, de los que se van con una aspirina, pero que no han sido muy frecuentes. Me dijo que le gustaría que me hiciera un escáner. Es una medida de precaución para cualquiera de mi edad que tenga dolores de cabeza.

—¿Qué está buscando?

—Los dolores de cabeza y al menos parte de los olvidos pueden venir de pequeños ataques al corazón de los que ni yo misma soy consciente. Un montón de gente los tiene y nunca lo sabe. No cree que me esté pasando nada, pero quiere estar seguro. Me hizo un montón de preguntas estúpidas.

—Dale el beneficio de la duda. Tiene sus motivos. ¿Qué te preguntó?

—Cuántos años tengo, cuándo es mi cumpleaños, en qué año nací. Todo eso está en mi historial. Con ordenadores por todas partes no creo que tengan que seguir haciéndome las mismas preguntas una y otra vez. Por cierto, ¿podrías creer que no recordaba en qué año nací?

—Si tú lo dices… ¿Lo acabaste recordando al final?

—¿Cuándo nací? —estaba ladina.

—En 1914, el mismo año que yo.

—Eso es lo que yo pensé —el doctor la había desconcertado—. Incluso me preguntó si sabía en qué condado estoy viviendo. ¿He sabido alguna vez en qué condado vivía? La última palabra que recuerdo que iba con «condado» es «Allegheny».

—Pittsburgh está en el condado de Allegheny. La última vez que viviste allí fue hace casi cincuenta años, justo después de la Guerra. (Nosotros tuvimos sólo una guerra, la Segunda Guerra Mundial; el resto de guerras necesita algún calificativo.)

—Recuerdo eso. «Condado de Allegheny, PA.»

—¿Te acuerdas del nombre del condado en el que vivías en Nueva Jersey?

Ni por asomo.

—Eras la tesorera del centro de acogida para mujeres. Debiste de haber escrito el nombre de ese condado cientos de veces —no se acordaba. Fue hace cuarenta años. Lo dejé pasar.

—¿De dónde habrán sacado un nombre como Middlesex? No lo entiendo. Además, a nadie le importa ya el condado en que vive. Luego me preguntó cuál había sido el presidente anterior a Kennedy. Hay un montón de cosas que sé perfectamente pero que no puedo contestar en el momento en que me las preguntan. Siempre he preferido los test con múltiples opciones.

La información está sobrevalorada (comparada, por ejemplo, con otros atributos mucho más escasos, como el sentido común, la bondad, la honestidad o la persistencia) y no comprendo por qué a alguien debería preocuparle no ser capaz de recordar nombres que ya no es útil recordar. No obstante, se espera de uno que recuerde los nombres de los personajes históricos, así como los de los países o las flores más comunes, y el nombre de un presidente reciente también es una de esas cosas que es lógico que recordemos; una de esas cosas que, no por sí sola, pero sí junto con las demás, permitió que Loughrand diagnosticara que algo en la memoria de Stella no estaba funcionando. Le dije el nombre del presidente anterior a Kennedy.

—¡Ya lo sé! ¿Crees que el doctor Loughrand cree que no sé que Eisenhower fue presidente?

—En un test de múltiples opciones lo hubieras sacado.

—Eso es lo que quiero decir. Las preguntas simples no valen para valorar lo que sabes. Me pidió que deletrease palabras al revés. ¿Es que hay alguien en todo el mundo que diga que se sabe mejor una palabra porque la puede deletrear al revés? ¿Tú puedes deletrear palabras al revés?

—Pregúntame una.

Me preguntó «Mundo». No puedo decir que contestase al segundo, pero la leí como si estuviera impresa en el aire. Le expliqué:

—Tienen informes sobre cómo miles de personas han contestado a esas mismas preguntas antes. Con eso encuentran patrones de respuesta. Si te desvías de uno de esos patrones, ya les das que pensar.

—Supón que olvidara a Eisenhower. Supón que dijera que fue Nixon. ¿Por eso ya tendría un problema mental?

—No lo sé, Stell. Si hubieras respondido Napoleón sí que tendrías un problema mental. Sólo es que, basándose en su experiencia, tienen unas expectativas sobre las respuestas.

Continuamos hablando cuando llegamos a casa. En el sobre donde estaban los volantes para el laboratorio de análisis de sangre y el escáner había también una página en la que había impreso un reloj con las manecillas marcando las ocho y veinte y un pie que rezaba: «Dibuje este reloj». En una segunda página había un dibujo, que parecía hecho por un niño pequeño, de un reloj que marcaba más o menos las once menos cuarto. No podía imaginarme que Stella hubiera dibujado aquello. Era el tipo de dibujo que las madres jóvenes pegan en la puerta de la nevera. Los números estaban desplazados hacia el cuadrante superior izquierdo. El círculo tenía el lado derecho metido para adentro. La distorsión recordaba a uno de los relojes de Dalí fraccionado más allá del simple plano al que el lienzo constriñe la imaginación del artista. Era como si Stella hubiera visto la esfera del reloj de frente y de perfil a la vez.

—¿De qué va todo esto?

—Se suponía que tenía que copiar el reloj. Yo no puedo dibujar círculos a mano alzada.

Ambas páginas habían acabado dentro del sobre por error, pero entreví que Loughrand había querido, de forma un tanto encubierta, que yo las viese.

—¿Te hizo restar siete a cien?

No estaba segura.

—Algo así. Me hizo tantas preguntas que acabé confundida. Me pidió que mirara las cosas que había en el suelo y luego las recordara y se las dijera.

—¿Y qué hay de la resta? Si les dices a los médicos que estás olvidando cosas, se supone que tienen que preguntarte si puedes restar siete de cien.

—¿Es que quieres que te dé el resultado?

—Si te apetece…

Me dijo noventa y uno.

—Vamos a ver una cosa —cogí una hoja de papel y bajo 100 escribí –7—. Inténtalo ahora.

Tardó unos segundos y escribió 93. Añadí –7 bajo el resultado y le pedí que lo restara. De nuevo se esforzó y escribió 86. Era capaz de resolver sobre el papel lo que no podía resolver en su cabeza. Oral y escrito: diferentes caminos para la memoria.

Ya hace tiempo que he dejado de creer que tengo una visión privilegiada sobre la naturaleza de la pérdida de memoria en las primeras etapas del Alzheimer. Es sorprendente comprobar cómo se olvidan los hábitos de toda una vida, como conducir, cocinar, lavarse los dientes o atarse los zapatos, pero que la prueba de restar siete funcionase como herramienta de diagnóstico dos veces durante el lapso de una hora demuestra que la pérdida de la memoria reciente es la característica más llamativa del Alzheimer.

Fui a la biblioteca para conseguir más información que la que había sacado del *Merck*. Los dos únicos libros de medicina que había en los estantes de consulta, publicados, igual que el *Merck*, en 1994, tenían tan poca información que eran inútiles para alertar o instruir al lector. En el archivo de la biblioteca encontré varios libros que parecían mejores. Me los llevé a un reservado para ojear los textos, comparar las fechas de publicación y leer algunas páginas a fin de decidir cuál me llevaba a casa. En la farmacia me dieron un folleto informativo sobre la tacrina, el nombre genérico del único medicamento que la FDA[1] había autorizado recetar para el Alzheimer.

A finales de esa semana, cuando el asistente de Loughrand me hizo pasar a su despacho, yo ya era un lego bien informado sobre enfermedades que causan desórdenes de memoria y estaba sobriamente seguro de que lo que tenía ante mí era Alzheimer.

Loughrand no iba a tener un análisis de sangre que indicara la presencia del *Alzheimer*, pues no puede detectarse en la sangre. Tampoco el escáner tomográfico que había pedido iba a mostrar el enredo de nervios y el lodazal de células muertas que define el Alzheimer, pues ambos estaban más allá de la capacidad de visión del aparato y sólo se mostrarían cuando el paciente hubiera muerto y el patólogo pudiera estudiar directamente el cerebro. En las personas vivas, el Alzheimer se diagnostica a partir del historial y la conducta del paciente —por los síntomas, no por las causas— y se confirma por proceso de eliminación cuando en el escáner no se encuentran señales de infarto.

1. Food and Drugs Administration (FDA) [Administración para alimentos y medicamentos]. Agencia estatal estadounidense que aprueba la comercialización de alimentos y medicamentos en su territorio. En España esta tarea corresponde a la Agencia Española del Medicamento, adscrita al Ministerio de Sanidad y Consumo. En nuestro país han sido aprobados la tacrina (Cognex) y, más recientemente, el donepezilo (Aricept). Se espera la aprobación en breve del ENA-713 (Exelon) y del metrifonato. *(N. del t.)*

Las resonancias magnéticas y los escáneres tomográficos reconocen un infarto cuando lo ven. Haber sufrido un infarto puede explicar una conducta que sin él se atribuiría al Alzheimer.

Stella no bebía en exceso ni tomaba drogas. Sus síntomas tampoco eran los típicos comienzos de una esclerosis múltiple, delirio, desorden glandular, depresión, deficiencia nutricional o de un desorden mental menos común, como el de Pick o el de Kreutzfeld-Jakob (la enfermedad de las vacas locas).

Aún estaban abiertas todas las posibilidades, incluso que Stella fuera una de las personas que, aunque perfectamente sanas, muestran, inocente o no tan inocentemente, síntomas de enfermedades que en realidad no tienen. Pero, en la práctica, si el escáner no encontraba rastros de infarto, la opción del Alzheimer pasaba a ser la protagonista. El resto de diagnósticos quedaba en la reserva hasta que, con el tiempo, su plausibilidad se iba desvaneciendo y quedaba descartado. Si no se trata de pequeños infartos, los casos con síntomas similares al de Stella resultan ser Alzheimer con abrumadora frecuencia. No todos los casos, claro, pero la estadística es poderosamente convincente.

Dentro de sus limitadas posibilidades, el escáner había hallado que el cerebro de Stella estaba esencialmente sano. Desafortunadamente, su alcance no era suficiente para mostrar las áreas de disolución. Loughrand dijo: «La situación nos permite deducir que algo que está más allá del alcance del escáner es la causa de la perturbación».

No me gustó la palabra «perturbación» más de lo que me había gustado la palabra «demencia». Siguen sin persuadirme las razones lingüísticas, etimológicas, filológicas, semiológicas u otras construcciones que no tienen en cuenta la forma en que las personas normales reaccionan ante las palabras normales. Cuando aparecieron las primeras noticias de que en Washington iba a fundarse un instituto de investigación dedicado principalmente al Alzheimer que llevaría por nombre «Centro de demencia», me pareció una denominación tan obtusa e idiota como en la generación anterior había sido la de «Asilo de lunáticos».

Incluso antes del escáner, Loughrand intuía el diagnóstico. La parte del mundo en que vivimos atrae a muchos ciudadanos de la tercera edad y Loughrand ya había hecho a muchos de ellos las mismas preguntas de la lista del Impreso de consulta del estado mental del paciente que están resumidas en el *Merck*, las mismas que le hizo a Stella. Había visto suficientes relojes de Dalí, oído suficientes restas del siete, palabras deletreadas al revés y olvidos de nombres, cumpleaños y presidentes para estar razonablemente seguro de que los escáneres tomográficos y los complejos exámenes de los neurólogos y psiquiatras acabarían viendo al final lo que él percibió en la primera visita.

Me dijo: «Esperaba que el escáner nos hubiera dicho lo que preferíamos oír —no me gustó la idea de que el infarto fuera preferible a las demás alternativas—. Tenemos que considerar otras posibles causas de la demencia».

No me apetecía oírlo, pero estaba preparado para hacerlo. No le ofrecí a Loughrand la ventaja de darle mi diagnóstico basado en unos días de lecturas seleccionadas, así que tuvo que explicarse antes de ofrecer su opinión. Primero se dedicó a descartar la depresión. La depresión, una enfermedad definida y no sólo un estado de la mente, es a menudo confundida con el Alzheimer y muchas veces coexiste con él. Como el Alzheimer, la depresión no se presenta como una emergencia, pero, a diferencia del Alzheimer, para la depresión existe toda una batería de posibles tratamientos.

—¿Está Stella deprimida por algo? ¿Por su estado? —recitó una lista de carrerilla: ¿está melancólica? ¿Duerme bien? ¿Ha perdido peso? ¿Está letárgica? No me miró para ver si yo daba alguna señal de estar ocultando algo. Tenía una lista sobre la que tachaba. Su deber era preguntar y el mío responder. ¿Algún problema familiar? ¿Algún cambio reciente en su actitud?

No había habido ningún cambio. Siempre había tenido un temperamento bastante equilibrado y aún lo seguía teniendo, menos cuando se enfadaba conmigo porque creía que le estaba haciendo de madre.

—¿Y esos períodos de ensimismamiento que menciona en su carta?

—No se muestra huraña. Es más como… si descansase. Como si… estuviera ausente de la mesa.

Me alargué en mi descripción del comportamiento de Stella en sus períodos de ensimismamiento. Cuando le preguntaba en qué estaba pensando me contestaba: «No, en nada». Loughrand miró sus papeles. Le había hecho a ella estas preguntas. Al hacérmelas a mí estaba buscando un segundo punto de vista.

—¿Algún episodio de llanto inexplicable?

Sólo había llorado una vez en los últimos meses, que yo supiera, y había sido a raíz del dolor físico que le produjo una caída. Se le habían escapado algunas lágrimas mientras se sostenía el brazo que a la mañana siguiente estaría completamente amoratado. Nunca había sido una persona dada al llanto. En los últimos meses no la había visto coger un pañuelo ni durante las escenas más conmovedoras de las películas. Tendía más bien a dormirse.

—¿No muestra una tristeza profunda y continuada?

—Nada por el estilo.

—¿No ha habido ocasión para ello o no ha tenido ese tipo de respuesta?

No había llorado al enterarse de que su más vieja amiga, con la que había mantenido relación desde el instituto, había muerto. Después de decir que lo sentía mucho y colgar, me dijo: «Mary Canaday murió esta mañana en su cama. Fallo cardíaco. Es terrible» y, aparentemente, no volvió a pensar más en ello. En el despacho de Loughrand me extendí otra vez sobre la entereza con la que había recibido la noticia de la muerte de su amiga, pero Loughrand había preguntado sobre tristeza y yo no estaba allí para divagar.

Loughrand siguió con su lista.

—No tiene temblores en las manos. Podemos eliminar el Parkinson. ¿Cuánto alcohol bebe?

Como la depresión, el alcoholismo puede, al principio, confundirse con el Alzheimer.

—En una semana especial, puede que dos vasos pequeños de vino. Siempre te marca cuánto quiere: tres centímetros. Si vamos a una fiesta, puede que tome un vodka con tónica. «Muy poco vodka.» Nunca la he visto tomar dos.

—Hasta donde usted sabe, ¿hay alguno de sus padres o abuelos o cualquier otro pariente que se pudiera considerar senil al llegar a anciano? ¿Necesitaron enfermeros? ¿Vivieron sus últimos años en lo que se llamaba «asilos»? ¿Entiende la relevancia de la pregunta?

Stella no tenía muchos parientes cuando nos conocimos y los pocos con los que yo había tratado habían muerto de cáncer o problemas cardíacos. A sus ochenta años, los padres de Stella vivían bastante bien hasta que les comenzaron a atacar los mismos males que al resto de su familia. La hermana de Stella, que era unos años mayor que ella, tenía una cabeza brillante y la mantuvo hasta que la neumonía se la llevó dos años después de que diagnosticaran Alzheimer a Stella. Si era cuestión genética, Stella era un objetivo muy improbable en una familia en que esa enfermedad no aparecía.

Por lo que he leído, los científicos no estaban precisamente en camino de encontrar rápidamente una cura ni nada que haga retroceder la enfermedad. En cambio, sí tenían a la vista una manera de alterar un cromosoma de forma que muchos casos potenciales de Alzheimer nunca tuvieran lugar. A principios de los noventa dijeron que quizá podrían prevenir la mitad de los casos, aunque luego rebajaron drásticamente esa estimación. La ingeniería genética tal vez tuviese algo que ver con los aún no nacidos bisnietos de Stella, pero a ella no la podía ayudar.

El historial de la familia de Stella dejó mudo a Loughrand. Se le veía incómodo mientras avanzaba hacia el inevitable momento de descubrir la inevitable conclusión al marido de la paciente. Diagnosticar y recetar contribuyen a la satisfacción profesional de un médico, pero una enfermedad para la que no hay cura y que no conlleva dolor que se pueda mitigar con recetas de analgésicos ofrece muy poca recompensa para un profesional.

Le dije: «Estoy intentando comprender la situación. Ella no es alcohólica. No es propensa a la depresión. No ha sufrido un infarto. ¿Qué más puede ser?».

—Estoy pensando en recetarle Cognex —dijo él—. Antes de eso debemos consultar a un neurólogo.

—¿No es el Cognex un nombre comercial para la tacrina?

—Sí.

—¿Y eso no es específicamente para el Alzheimer?

—Bien, no solamente para el Alzheimer, pero sí —se detuvo, se mesó la barba y pareció que se hacía más grande en su silla. Era la primera vez que se había mencionado la palabra en nuestra conversación y estaba visiblemente aliviado, ya que la había pronunciado yo. Ya podíamos pasar a las recetas y a la supervisión de la evolución del paciente, labores con las que, por supuesto, se sentía mucho más cómodo.

Durante toda la semana había pospuesto hablar con los chicos y esta noche era la noche.

—Oh, Dios —dijo Damon—. ¿Lo sabe mamá?

—Sabe que algo no va bien dentro de su cabeza, pero no es doloroso y no piensa en ello como algo que no pueda desaparecer. Sabe que le cuesta caminar, pero, por lo que a ella respecta, podría ser que está un poco peor de la artritis o que pasa algo con sus prótesis de cadera. Para ella es más un fastidio que algo realmente grave.

—¿Te dice cómo se siente?

—No mucho. Y no pregunto más veces de lo acostumbrado para no alarmarla. Valoro de qué humor está y actúo en consecuencia. Sé actuar en este sentido.

—¿Vas a pedir una segunda opinión?

—Loughrand dice que me remitirá a un neurólogo, pero hasta ahora no me he comprometido. Sería uno del personal del hospital local y no tengo claro que sean los más adecuados. Preferiría ver a alguien en Boston. Querría también tu opinión y la de Connie y la de tu hermana y Jerry —eso incluía a los chicos y a sus cónyuges, cada uno de ellos gente informada y reflexiva. Siempre nos habíamos consultado entre nosotros sobre las cuestiones importantes.

—Haré que Connie se ponga en el otro teléfono. Ella te hará preguntas más inteligentes que las mías.

Nuestra hija política es la directora de personal de un hospital universitario en Massachusetts. Puede descubrir con sólo una llamada de teléfono quiénes son los mejores especialistas en una materia. Puede también buscar libros en la biblioteca del hospital. Ella y Stella siempre se han llevado muy bien, así que sabía que podía contar con ella.

—Papá, siento mucho lo que está pasando. Ésta es una enfermedad de la que no hay manera de estar completamente seguro, ¿sabes? Aún no pueden ver lo suficientemente bien dentro del cerebro y…

—Lo sé. He aprendido un montón en los últimos dos días. He leído todo lo que hay en nuestra biblioteca pública sobre el tema. Sé que sólo pueden ver las placas y nudos en el cerebro una vez el paciente ha muerto y hacen la autopsia. Pero llegan a una hipótesis de trabajo por eliminación.

—¿El médico de cabecera dice que es Alzheimer? ¿Quién es? ¿Un interno?

—Sí. Por aquí viven muchas personas mayores. Ve a mucha gente y estoy satisfecho con él: es un buen observador.

—Probablemente, pero querrás ver a un neurólogo.

—Quiero pensármelo. Creo que sé bastante sobre la enfermedad. Primero quería hablar con vosotros.

—¿Has hablado con Marion?

—En cuanto cuelgue lo haré.

—Marion vive cerca del Johns Hopkins. Allí, ésta es una de las principales materias de investigación. Puede que ella no lo sepa. También está cerca de los National Institutes of Health.[2] Seguro que

---

2. Los National Institutes of Health (Institutos nacionales de salud) son una organización gubernamental estadounidense dedicada plenamente a la investiga-

allí están pasando muchas cosas. Marion sabrá cómo ir. La llamaré. Mientras tanto, haré algunas fotocopias en la biblioteca y te las enviaré. Y papá, tienes que pensar en ti mismo. Tienes que cuidarte. El Alzheimer es una carrera de fondo.

Cuando Stella tuvo apendicitis y se rompió una cadera y luego la otra, nadie me dijo que tenía que cuidarme. Tiene que existir un impulso instintivo sobre lo agotador que resulta cuidar a un enfermo de Alzheimer.

Puse al día a Marion y a Jerry. Marion no conocía el Johns Hopkins, pero iba a averiguar cómo contactar con ellos. Sí sabía cómo moverse en los National Institutes of Health. Por otra parte, tanto ella como Jerry tenían las mismas preocupaciones que Connie y Damon. Tenían las mismas preguntas y acabaron con la misma advertencia: tienes que cuidarte.

Marion llamó una hora después de que hubiera acabado de hablar con ella. Había alguien con el que tenía que hablar. Carey Dingman estaba esperando mi llamada. No importaba lo tarde que fuera. Sí, ya había hablado con Connie y estaba al corriente. Llama a Carey. Carey era un consejero familiar, un asesor de la agencia de Marion, un psicólogo con grandes credenciales que había escogido la práctica rural. Carey estaba dispuesto a remangarse. Hacía visitas a domicilio. Conocía muchos casos de Alzheimer. Era un hombre mayor y sabio, no tan mayor como yo, pero casi (y más sabio). Nos llevaríamos bien.

Mientras llamaba a Carey Dingman comencé a preocuparme por si acaba desbordado y con prioridades contradictorias. Nunca creí que tuviéramos que ir hasta Washington. Quizás a Boston, pero Boston sólo estaba a dos horas en coche. Cuando mi padre tuvo problemas de corazón, fue transferido por su médico de cabecera en Pittsburgh al cuidado de un doctor de un hospital de Nueva

---

ción médica. Desarrollan investigaciones en sus propios laboratorios y financian investigaciones privadas de interés público. Cuentan con un gigantesco hospital en Betheseda, Maryland. *(N. del t.)*

York. ¿En qué estaría pensando ese médico de cabecera? Mandó a un hombre y a una mujer de ochenta años (por supuesto, mi madre no se iba a quedar atrás) a vivir durante tres meses en un hotel en la esquina del santo cardiólogo y su templo de hospital, lejos de los amigos y la familia y de las comodidades de su propio hogar y vecinos, cuando a media milla de su casa tenían un enorme conglomerado de médicos y especialistas concentrados alrededor de la universidad de Pittsburgh. Y, por si no había talento e instalaciones suficientes alrededor de la universidad, a diez minutos en coche, al otro lado del río había otro centro médico igualmente impresionante.

Entonces acallé mi ira ante lo que me parecía un caso claro de un doctor que trafica con enfermedades olvidándose completamente de los enfermos, pues no quería que mis padres perdieran confianza en el tratamiento que estaban recibiendo.

Tenía mis razones para no confiar demasiado en el hospital y en ciertos especialistas de nuestra pequeña parte del mundo, pero eso no implicaba necesariamente que las únicas alternativas fueran Nueva York o Washington. Boston estaba dentro de lo razonable. Yo no sabía entonces qué poca asistencia de doctores requería el Alzheimer, pero estaba mentalmente preparado para conducir cada mañana hasta los prestigiosos hospitales de Boston si podía tener a Stella de vuelta a su casa por la noche.

—Carey Dingman, ¿dígame?

Su voz me llegó directa y franca, hablándome como un amigo, desde un barrio de Washington donde no tenía ninguna intención de ir. Era como si Dingman estuviera al otro lado de la mesa. Le dije que Marion me había dicho que no era demasiado tarde para llamar.

—Cualquier hora es buena para Marion. Tienes una hija maravillosa, Aaron. Eres un hombre afortunado. Haría lo que fuera por ella. Ella hace muchísimo por los demás.

Le dije que no sabía qué podíamos hacer por teléfono, pero que Marion pensó que sería útil que hablásemos.

—Veamos si podemos justificarnos ante Marion. ¿Tu médico de cabecera cree que tu mujer probablemente tiene Alzheimer? —me pidió que deletrease Loughrand—. ¿Loughrand ha visto un escáner y descarta un infarto?

Hasta ahí habíamos llegado aquella mañana.

—¿Conoce a Stella desde hace tiempo? ¿La ve a menudo?

Durante veinte años la ha visto para su chequeo anual, para su vacuna contra la gripe y una o dos veces más cada año por lo que iba surgiendo.

—Así que no es un extraño. Marion dice que eres un buen lector y que has estado leyendo sobre la enfermedad. Dime, ¿qué libros has leído?

En la mesa, a mi lado estaban *Alzheimer's Disease: A Guide for Families*, de Powell y Courtice, *El día de 36 horas*, de Mace y Rabins, *Understanding Alzheimer's*, de Aronson. Aronson tenía algún tipo de conexión con el Johns Hopkins.

—Dile a tu biblioteca que proteja su copia del Aronson. Está siempre agotado o fuera de catálogo.

No creo que Loughrand hubiera sabido algo como eso. Esa misma mañana, tras ojear el ejemplar de la biblioteca, decidí que quería tener uno y, tras llamar al distribuidor, en la librería me habían dicho que no estaba disponible.

—¿Crees que el diagnóstico de Loughrand es acertado?

Yo no estaba cualificado para juzgar si era acertado o erróneo. Había aceptado el diagnóstico de Loughrand porque era plausible y se correspondía con lo que yo mismo había visto.

Carey me pidió que le diera algunos ejemplos de lo que había observado en Stella. Me preguntó durante cuánto tiempo creía que Stella había tenido este problema sin que yo lo reconociera. Le dije que podían haber sido tanto seis meses como un año. ¿Cuál creía Loughrand que debía ser el próximo paso? Había propuesto que Stella viera a un neurólogo para tener una segunda opinión.

—¿Sabías que tu hospital local tiene un nuevo centro para el tratamiento de los desórdenes psiquiátricos?

Loughrand no lo había mencionado.

—Quizá quieras conocerlo. La psiquiatría es una ruta alternativa hacia una segunda opinión y a menudo es más sencilla que la neurología. La psiquiatría se basa esencialmente en la observación del paciente y en baterías de test de preguntas y respuestas. La neurología se basa más en pruebas instrumentales. Nadie puede decir con seguridad absoluta si un caso es o no es Alzheimer, pero, llegados a un punto determinado, se obtiene una respuesta a partir de la cual se puede comenzar a trabajar. Nada se pierde si es una respuesta prematura o incluso equivocada, pero sí se puede perder algo si te retrasas.

¿Así que la situación de Stella podría ser más urgente de lo que yo había supuesto?

—Digámoslo de esta forma: si es Alzheimer, tienes que prepararte para un declive que puede extenderse durante meses o años. Con la tacrina, el ritmo del declive podría reducirse. Puede que no sea un gran medicamento, pero muchos medicamentos que no funcionan bien cuando una enfermedad está muy avanzada sí son efectivos en sus primeras etapas. Se sigue por lógica que cuanto antes se administre la tacrina, más probable es que el declive pueda aminorarse manteniendo un nivel de bienestar más alto.

Estaba llegando un año tarde y además tomándomelo con calma. Sentí sobre mí todo el peso del fracaso y de la responsabilidad. Pero no tenía que hablar de ello con Carey. No era mi confesor. Estábamos en el presente.

—¿Qué me estás diciendo? ¿Que tendríamos que conseguir el diagnóstico más rápido posible y comenzar la medicación cuanto antes?

En lugar de contestarme, me hizo una pregunta: ¿tenía yo absoluta confianza en Loughrand?

No tengo absoluta confianza en ningún doctor. Más aún, desconfiaría inmediatamente de un médico que me la pidiera. Pero Loughrand no era en absoluto ese tipo de hombre. Sus órdenes eran como sugerencias de cosas que podrían funcionar dentro de un ambiente de conjeturas e incerteza. «Vamos a ver cómo funciona esto», diría Loughrand, alcanzándome unas probetas y paquetes de su caja de muestras: «Prueba esto». Más que criticarme por mis quejas, me escuchaba en la consulta y luego se retiraba a su despacho, creo que para ojear algún texto. Cuando volvía, hablaba en nombre del texto a una audiencia imaginaria y era como si yo estuviera invitado a escuchar la charla. Durante mis visitas nunca me preguntó por Stella, como si pensara que podríamos habernos separado o que ella podría haber muerto desde la última visita, algo demasiado doloroso como para hablar de ello.

Aun así, Loughrand era un hombre sensato y yo le escuchaba con atención. Llevaba ejerciendo mucho tiempo. Me gustaba la manera en que volvía a atacar con el estetoscopio si no encontraba lo que buscaba la primera vez. Un artículo en una revista afirmaba con total certeza que la mitad de los nuevos médicos no tenía ni idea de qué era lo que se suponía que debían escuchar cuando aplicaban el estetoscopio a sus pacientes y les pedían que respiraran hondo. Eso era, simplemente, algo que los doctores tenían que hacer. Yo estaba seguro de que Loughrand sabía lo que buscaba. Era, al menos en ese sentido, mejor que la mitad de los médicos.

Yo dije: «No le seguiría si se tirase por un precipicio, pero confío en su juicio».

—Puede ser útil que pienses en ti mismo como el médico y en Loughrand como alguien a quien respetas lo bastante como para consultarle las decisiones más importantes. Así es como acaba la mayoría de casos de Alzheimer.

¿Yo era el médico de cabecera?

—El Alzheimer no es una enfermedad que requiera atención intensiva del doctor. Es más intensiva para el cuidador y sus ayudantes. Puede que, cuando te pregunten en los documentos oficiales cuál es tu medico, deba figurar el nombre de un doctor, pero buena parte del trabajo lo vas a tener que hacer tú. Necesitarás consejo del doctor Loughrand y tu esposa irá a su consulta… tú la enviarás a la consulta cuando sea apropiado. Pero seguramente serás tú el que esté en el asiento del conductor durante la mayor parte del tiempo.

Era una idea a la que tenía que acostumbrarme. Al menos ya había comenzado: sentía que había forjado una buena relación con *El manual Merck*.

—Cuando las necesidades médicas de Stella parezcan estar más allá de tus posibilidades, la enviarás a un especialista como lo haría Loughrand, quien seguirá siendo su fuente para la medicina general. Después de que tengas una segunda opinión sobre el diagnóstico, puede que Stella nunca tenga que ver a nadie fuera del circuito usual del dentista, otorrino y oftalmólogo. Y quizás un podólogo. La mayoría de la gente está acostumbrada a pedir hora a estos especialistas directamente.

—Nosotros siempre lo hacemos directamente.

—Perfecto entonces. Después del primer aluvión de diagnósticos, puede que haya muy poco que hacer en el aspecto médico. El Alzheimer no es una enfermedad que responda a la cirugía o a la medicación masiva. No hay varios medicamentos entre los que escoger. Los requisitos médicos para el tratamiento podría cumplirlos hasta una enfermería en una reserva india si entre su personal se encontrara alguna persona mínimamente humanitaria que hubiera leído unos pocos libros. Eso suena casi como a un lego, ¿verdad que sí? ¿No suena a alguien como tú? El cuidador es el personaje principal en lo que se refiere al Alzheimer. Es más una enfermedad de cuidadores que de médicos.

—¿Lo saben los médicos?

Tenía en mente a un amigo muy cercano que se había hecho implantar un marcapasos por un cirujano que le había recomendado su médico de cabecera. Cuando sintió molestias antes de la fecha prevista para el seguimiento, llamó al cirujano, que estaba ilocalizable. El despacho del cirujano le pasó con un asociado que, después de estudiar los síntomas por teléfono, pensó que el problema no era cardíaco sino digestivo. Envió al paciente de vuelta al médico de cabecera. El médico de cabecera, que le había tratado a él y a su familia durante diez años, le dijo a mi amigo que ya no era su paciente, pues había consultado a otro doctor —no al cirujano que le había recomendado, sino al asociado— sin hablar antes con él. Algunos médicos son tremendamente quisquillosos. Con Loughrand nunca me ha pasado nada de esto. Loughrand era mi médico. Yo le escuchaba. No hacía siempre caso de sus consejos y él no se ponía pesado. No conozco a ningún doctor ni a nadie que merezca obediencia ciega. Yo creía que mi responsabilidad iba más allá de la simple obediencia. Hay un montón de personas ahí fuera —doctores y no doctores— probando cuánto pueden llegar a imponerte sin que digas nada. Pero ése no era el estilo de Loughrand.

Con Loughrand había pocas certezas. En alguna ocasión yo había ido a un especialista directamente sin consultarlo con él y, cuando se lo dije, pareció aliviado, ya que la responsabilidad era mía. No «escogimos» a Loughrand. Lo heredamos cuando nuestro doctor se retiró y vendió su consulta. Pero funcionó muy bien.

Estas conversaciones estaban teniendo lugar en un momento en el que el cuidado a domicilio de los enfermos aún no era habitual. Cuando Stella recibió su diagnóstico, los HMO,[3] especialmente en el Este y fuera de las grandes ciudades, casi no existían para la tercera edad. Si no estaban afiliados a algún programa de retiro de una gran corporación, los mayores estaban cubiertos básicamente por Medicare[4] o Medicaid.[5] La larga lista de errores en los tratamientos a la que pronto hubo de enfrentarse tuvo su origen en la brusca aparición de una nueva forma de practicar la medicina diseñada por gente que sólo la consideraba una oportunidad de invertir su dinero. El producto que vendían era el tiempo de los profesionales, y cuanto menos les costase, mejor.

3. Health Maintenance Organization (HMO). Mutua sanitaria. (*N. del t.*)

4. Medicare es un programa público de cobertura médica al que pueden acogerse los ciudadanos estadounidenses mayores de sesenta y cinco años y los menores de sesenta y cinco años con alguna discapacidad física o enfermedad renal grave. (*N. del t.*)

5. Medicaid es un programa público de cobertura médica al que pueden acogerse los ciudadanos con un nivel de ingresos bajo. (*N. del t.*)

—¿Qué sabe el médico de cabecera que yo pudiera ignorar? —pregunté.

—Sabe mucho sobre qué tipo de personas son sus pacientes, su estilo de vida, sus circunstancias...

Yo sabía mucho más sobre Stella que Loughrand.

—Además, sabe bien dónde acaba su área de conocimiento y, cuando llega el momento, envía al paciente al especialista adecuado. También mantiene un seguimiento sobre el caso.

¿Quién podría hacer eso mejor que yo? Aunque los doctores que tenían la consulta en las ciudades cercanas a casa raramente pertenecían a la plantilla de un hospital, sí que estaban a menudo asociados a hospitales y, cuando tenían que enviar a un paciente a un especialista, lo mandaban al que trabajaba en el hospital con el que estaban asociados. Una vez comparé los recursos en la sección de gastroenterología de nuestro hospital local, que se anunciaba como «Uno de los mejores cien hospitales de Norteamérica», con los de uno de los mayores hospitales universitarios de Boston. La plantilla local consistía en tres hombres certificados por la junta que atendían todas las ramas de esa especialidad. El hospital de Boston tenía veintiséis gastroenterólogos certificados por la junta, la mayoría de ellos especializados en subespecialidades que se limitaban a tratar problemas concentrados en unos (pocos) centímetros del aparato digestivo. Yo estaba predispuesto a favor de la medicina local por varias razones de sentido común, pero estaría más dispuesto que Loughrand a buscar en otra parte si sentía que Stella necesitaba a un gran doctor cuya práctica se concentrara en unos centímetros, y no en varios metros.

Dingman me dijo que la mayoría de doctores de cabecera con experiencia conocía los aspectos prácticos de los casos de Alzheimer y estaba más dispuesta a aceptar las iniciativas del cuidador de lo que lo estaría en otro tipo de dolencia.

—Se trata de unos pacientes que no mejorarán conforme pasen los meses, ni por la medicación ni por el poder curativo del paso del tiempo. Desde un punto de vista médico, los síntomas son de poca monta, no es una enfermedad que provoque problemas médicos que necesiten que el doctor los atienda con detalle. El paciente no come, tiene incontinencia, pierde las gafas, se le irritan los ojos, le silban los oídos, se levanta a las dos de la mañana y se pone a pasear, se saca los zapatos en restaurantes y luego los olvida. Es un mal que se compone de muchos pequeños acontecimientos diarios. Un médico puede perder con facilidad la pista del estado de un paciente de este tipo. Un médico trabaja en su consulta. Los parámetros sobre los que basa sus expectativas están en su estantería o en su cabeza, no en la información anecdótica sobre los pacientes. Está acostumbrado al ciclo de enfermedad, tratamiento y cura para cada uno de los problemas que se le presentan. La gente concierta citas de seguimiento con él para la próxima semana o el próximo mes. Pero el Alzheimer no actúa conforme a esas expectativas. Considérate afortunado si Loughrand presta atención cuando le llames y está disponible cuando le necesites. ¿Tienes cerca alguna oficina de la Alzheimer's Association?

Yo no tenía ni idea. Había visto que se mencionaba esa asociación en los libros, pero nada más. Mientras Carey me contaba de qué tipo de asociación se trataba, abrí la guía telefónica y encontré una sede a varios pueblos de distancia.

—Te sugiero que vayas y hables con ellos. Escucha lo que tengan que decirte antes de tomar ninguna decisión sobre a quién pedir una segunda opinión. Además, tienen literatura sobre el tema que te puede ser de mucha ayuda y saben a quién recurrir para pedir un diagnóstico.

Hablamos durante casi una hora. Nunca había estado antes tanto tiempo al teléfono con nadie. Hablamos sobre la distribución de las habitaciones en nuestra casa, sobre nuestros recursos económicos, sobre el coste de los diferentes tipos de cuidados y sobre mi relación con Stella y con el resto de la familia. Me dio una nueva perspectiva sobre lo urgente que era comenzar la medicación, sobre el ritmo de la enfermedad y sobre el papel que tenían los médicos en el proceso. Me llamó la atención sobre la sección de psiquiatría del hospital. Y en ningún momento dijo «demente».

Carey Dingman es psiquiatra. Yo llevaba años resistiéndome a la psiquiatría, igual que me había resistido al asesoramiento matrimonial, pero Carey me hizo cambiar de opinión. Me dio una nueva muestra de la nunca suficientemente bien aprendida lección de que no hay profesiones, negocios, sexos, razas o colores mejores o peores, sino sólo individuos que cumplen su tarea bien o tal vez no tan bien.

Al final, tras invitarme a llamarle en cualquier momento que quisiera, me dijo: «Me encantaría verte, si quieres, pero querrás concentrarte en encontrar a alguien que esté más cerca de tu casa. El Alzheimer no es tan complicado en lo que se refiere a los médicos. No necesitas esperar a tener una segunda opinión antes de seguir la sugerencia de tu doctor y comenzar la medicación con tacrina. El nombre comercial del fármaco es Cognex. Si se trata de una falsa alarma, no pasa nada, puedes abandonar la medicación en las primeras fases del tratamiento sin que se produzca ningún daño. Piensa mucho en ti mismo. Intenta retrotraerte hasta lo más cercano a un estado de calma que puedas lograr y trata de mantenerlo. Acuérdate con frecuencia de sentirte un poco budista. Mantén tu tensión bajo control. Puede que nunca hayas pensado en sobrevivir a tu mujer. Ahora tienes que hacerlo. Tienes que cuidarte».

3

Segundas opiniones

Después de que un cirujano de un hospital local le extirpara un buen tramo de su colon, un buen amigo mío comenzó a sufrir fuertes ataques de dolor que le llevaban semana tras semana a la consulta del cirujano y los fines de semana directo a la sala de urgencias del hospital. Le aseguraron que todo estaba bien, que esas cosas llevaban tiempo. Tras un año sin que el dolor remitiera, se fue a la sala de urgencias de un gran hospital de Boston.

—Me tumbaron en una camilla y me cubrieron con una sábana. El doctor de guardia llamó al especialista. El especialista levantó la sábana y me preguntó cuál era el problema. Cuando le conté que me habían operado hacía un año y dónde me dolía, me apretó la tripa con la mano. Dijo, como si no hablara con nadie en particular: «¿Es que esa gente no reconoce una hernia cuando la tienen ante las narices?».

Se dispuso una nueva operación y, como Dave Black nos dijo a varios de nosotros no mucho después de que volviera a casa: «Y con eso se acaba la historia». Seis años después de aquellos doce meses de agonía no ha vuelto a sentir ni el más mínimo asomo de dolor.

Muchos de nosotros llegamos al Alzheimer con una buena lista de experiencias médicas de ese tipo. Todas esas historias, por supuesto, son tratadas como «meras anécdotas» y descartadas ante brillantes estadísticas de aciertos médicos. Pero, de todas formas, lo que cada uno de nosotros ha vivido u oído en relación con los médicos nos predispone a pensar de una manera u otra en los doctores y hospitales, y esas «anécdotas» nos acompañan cuando iniciamos nuestro siguiente contacto con la medicina.

Durante el año entero que tardé en darme cuenta de que Stella había cruzado el umbral del Alzheimer, lo que de verdad nos preocupaba tanto a ella como a mí era el cáncer de mi hermana Eve. Cuando me di cuenta de que Stella estaba enferma y de que yo iba a ser su cuidador, cargaba con los prejuicios que acumulé durante los últimos meses de vida de Eve.

Eve tenía cuatro años menos que yo y era viuda. Tras una jubilación sólo nominal, seguía trabajando a jornada completa como consultora de empresas y haciendo trabajos para la comunidad. Paso a paso, test a test, procedimiento tras procedimiento, Eve pasó en pocos meses de gozar de una salud perfecta a la muerte. Para Stella y para mí, Eve no era sólo una pariente, sino también nuestra mejor amiga. Nos visitaba a menudo a pesar de estar en una zona horaria distinta y nunca pasaba una semana sin que habláramos por teléfono.

El principio de la enfermedad de Eve —como el de la de Stella— casi pasó desapercibido: apenas una visita al médico por algo que las mujeres esperan, una molestia, no algo suficiente como para causar ansiedad. Hubo varios test de laboratorio y pasamos por diversos procedimientos burocráticos. El ginecólogo de Eve la remitió a un oncólogo de formidable reputación, jefe del equipo de su hospital. Le realizaron una histerectomía, que definieron como rutinaria en esas circunstancias para una mujer de su edad. El hecho de que durante la operación detectasen un cáncer era menos importante que las buenas noticias: parecía que lo habían conseguido extirpar todo. A través del teléfono, yo hubiera percibido en el timbre de voz de Eve cualquier inquietud que estuviera sintiendo. Me quedó claro que sólo pensaba que estaba navegando entre un poco de marejada.

No desperté hasta que, en otra llamada, me dijo que el doctor Skiles la había mandado de vuelta al hospital y, en rápida secuencia, que existía una metástasis cancerosa y que recibía radioterapia.

No me habían presentado al doctor Skiles. Me lo habían señalado una tarde en la sala de enfermeras cuando las había aterrorizado por algo que alguna de ellas no había hecho según el reglamento. Tomé nota de que era un grosero, pero, al mismo tiempo, había que decir a su favor que un hospital, de entre todos los lugares, es el lugar donde menos hay que tolerar la indisciplina.

Pedí una cita para verle en su despacho —por cierto, no muy grande—, que estaba tras un vestíbulo lleno de pacientes. Media docena de ellos estaba junto a una pared bajo unas campanas que recordaban a los secadores de un salón de belleza. Otros sorbían lo que parecían batidos de leche. Pensé que debía de haber alguna muy buena razón para que esa sala estuviera tan llena en una ciudad en que abundaban los doctores y que además contaba con dos hospitales universitarios y muchos hospitales grandes.

Skiles se encargaba no solamente de la cirugía, sino también de la medicación y la oncología de sus pacientes. Y, aunque no accionaba personalmente los aparatos, los informes de radiología llegaban directamente a su mesa. Los socios de su despacho visitaron a Eve en alguna de sus rondas, pero ella no había visto a ningún otro doctor de peso fuera del propio Skiles. Él acometió el tema antes incluso de que yo me sentara.

—Quería verme para hablar sobre su hermana.

No quería que me considerase un adversario. Le dije que había habido varios resultados desalentadores tanto para el doctor como para el paciente. No tenía ninguna razón para pensar que no había llevado el caso siguiendo al pie de la letra la ortodoxia médica, y no quería sugerir a Eve que el cuidado que estaba recibiendo estaba siendo cuestionado, pero todos somos humanos, etc. Así que una consulta a un colega o una segunda opinión quizá fuera conveniente. ¿No le parecía bien a él llamar a alguien —elegido por él mismo— para consultarle el caso?

Pues no. No le parecía nada bien.

—Cualquiera que sepa algo de medicina estará de acuerdo en que el paciente ha recibido el tratamiento correcto.

—Una razón para pedir una segunda opinión es que sería reconfortante para mi hermana, que está pasando por un momento muy duro.

—A su hermana no le ayudará que usted le llene la cabeza de preguntas.

—No he comentado esto con ella. Está en medio de un proceso agotador y no puede tomar el tipo de decisiones rápidas que toma normalmente. Por eso le consulto a usted.

—No tiene sentido llamar a nadie. Es una pérdida de tiempo y dinero. ¿Era ésa su pregunta?

Si no era para llamar a nuestros padrinos para que se pusieran de acuerdo en las armas, habíamos acabado. Pensé que mi hermana nunca se pondría a sabiendas en manos de un tipo con un carácter tan brusco. Pero las enfermedades toman sus propias decisiones según su propio calendario y pocas veces ofrecen las opciones apropiadas.

Llamé por teléfono a un amigo de la familia, un veterano del National Cancer Institute, que tenía la consulta cerca de Nueva York. Me preguntó hasta que supo todo lo que yo sabía y se ofreció para llamar a Skiles, explicarle que tenía una relación personal con nosotros y hablar sobre el caso.

En un par de días me llamó para decirme que Skiles parecía ser un médico de primera clase. Aunque el resultado no había sido satisfactorio, estaba en la naturaleza del cáncer no ser propenso a los finales felices. No sé si me alegró o entristeció cuando este amigo de la familia, que había recibido la mejor educación médica y que dirigía el departamento de oncología de un hospital universitario, me dijo que probablemente él hubiera tratado el caso de Eve de la misma manera que lo había hecho Skiles. Los modales eran otra cosa: «No prestes demasiada atención a los modales. El doctor está ahí para practicar la medicina».

Por esas fechas surgió un conflicto entre Skiles y el hospital. Skiles cogió a su plantilla, sus pacientes y su pelota de béisbol firmada y se marchó a otro hospital cuya ubicación hacía que a los amigos de Eve les fuera difícil ir a visitarla. Ella me dijo que le había preguntado si le parecía bien ser transferida allí y que había dicho que sí. Había firmado papeles confirmándolo. Todo se hizo en un solo día. Si yo hubiera estado allí ese día, quizás hubiera dicho: «Quédate aquí. El entorno te es familiar, te gustan las enfermeras y los amigos pueden venir a visitarte cuando quieran. Tiene que haber otros médicos que puedan tratar tu caso».

O puede que no lo hubiera dicho. Muchas veces decir lo correcto no es apropiado, especialmente si vives en otra zona horaria. A las seis semanas enterramos a mi hermana.

Skiles había sido su médico durante ocho meses. La había visto cuando estaba casi bien y luego ir de mal en peor. No puedo olvidar que no llamó ni envió una nota de pésame, ni siquiera una palabra de condolencia o ánimo ni a mí ni al hijo de Eve —que también vivía en una ciudad lejana; hoy en día nadie vive cerca de donde se le necesita—, el cual había estado mucho más atento al caso que yo y había respondido con celeridad a las múltiples cuestiones que fueron surgiendo durante el curso de la enfermedad de su madre.

—Olvídate de ello —me dijo alguien que había enterrado ya a varios familiares—. Los médicos no envían nunca pésames cuando pierden a un paciente.

Es cierto, y eso confirma mi sospecha de que a menudo los doctores no tratan a pacientes, sino a los perfiles estándar de la enfermedad del paciente. Y ambas cosas no siempre coinciden.

Cuando le explico a los legos la historia de la hernia, su atención va hacia la operación fallida y hacia la resistencia del cirujano local a admitir su error. Le conté la historia a un doctor.

—¿No podía el tipo de Boston haber dicho cualquier cosa que no le comprometiera y haber operado la hernia sin montar una escena sobre el fallo del cirujano?

Pensé que eso, de una manera más esnob, era lo mismo que hacía la policía cuando un policía corrupto tiroteaba a alguien.

Un artículo médico da la voz de alarma: «Escoge a tu doctor con cuidado». En la antigua Arabia sólo hacía falta pronunciar esas palabras y aparecía el genio. En el mundo real, ¿cómo escogemos?

Pregunta en el hospital. La respuesta que te dan es la lista de médicos que tienen en plantilla. ¿Son ésas todas las opciones? Un médico de plantilla fue el que le provocó la hernia a Dave Black.

Hay doctores en tu iglesia, templo o mezquita, en tu gimnasio, en tu fraternidad. Pregunta a tus amigos. Puede que recibas alguna recomendación basada en algunas experiencias personales: mi padre, un hombre que se entusiasmaba con facilidad, se refería sistemáticamente a cualquier doctor, barbero o terapeuta (y, de hecho, hasta a cualquier limpiabotas) con el que hubiera tenido una buena experiencia como «el mejor en su trabajo».

Puede que te desaconsejen a alguien: un cirujano es criticado por extirpar un inocente apéndice cuando el paciente solamente tenía el malestar propio de la fiebre causada por una infección leve. Lo miras en el *Merck* y compruebas que esa fiebre, si se le permite seguir su curso, se cura sola en pocos días. Pero, en la vida real, el tiempo apremia y la peritonitis se presenta en la consulta en muchas más ocasiones que las fiebres por infección leve. Se tiene que tomar una decisión y los síntomas que habitualmente son indicadores seguros de apendicitis llevan al error a un buen cirujano.

Los médicos que no son capaces de actuar con velocidad no llaman la atención sobre sí mismos poniéndose en el carril lento y encendiendo las luces de emergencia. Los profesionales —profesores, policía, bomberos, doctores— están colegiados. Si estuvieras en el club te hablarían más abiertamente. ¿Cómo puedo yo, que soy esencialmente un extraño, esperar recibir más que el prudentísimo aviso de Loughrand de que el doctor Remnant no sería su primera elección para consultar un problema neurológico? Si, tras dar la vuelta a la manzana y transformarse en un rumor, su afirmación volviera a él convertida en «Loughrand dice que a Remnant deberían retirarle la licencia», podría causarle problemas. Podría acabar recibiendo la carta de un abogado.

Mejor que algún paciente que nunca conoceremos padezca unos sufrimientos de los que nunca sabremos nada que un doctor se avergüence a sí mismo tocando el silbato de alarma. (Quién sabe, puede que Remnant nunca mate a nadie, después de todo no opera en el quirófano; fue a una buena escuela; quizá ni siquiera beba tanto como solía.) Decir la verdad frente a la tribu es horrendo.

Una vez la profesión admite con alegría que existe como clase social, los indeseables son más difíciles de identificar individualmente. Y cuando buscamos a un doctor, buscamos a un individuo.

Creo que he dotado a mi papel de médico de cabecera con una actitud de reserva frente a todo lo médico mucho más intensa que la de la mayoría de los cuidadores.

De momento tenía que decidirme por un doctor en medicina general con el que quedarme mientras el Alzheimer progresaba. Probablemente me quedaría con Loughrand. Él ya había visto el reloj. Yo sabía que podía convivir con él.

También tenía que decidir a quién consultaba para tener una segunda opinión. ¿Debería dejar que Loughrand escogiera al neurólogo? De Loughrand pensábamos que era eficaz en los diagnósticos, siempre reconfortantemente conservadores, aunque quizá no estaba a la última en lo que se refería a nuevos medicamentos. Loughrand, a diferencia de muchos en su profesión, no creía que tener la sala de espera abarrotada de pacientes fuera el baremo del éxito de consulta. No tenía inconveniente en dedicarse a emergencias menores o en devolver las llamadas que se le acumulaban durante los fines de semana.

Lo que le faltaba era algo que quizá fuese excesivo esperar de cualquier doctor: una perspectiva completa de nuestra vida médica y el sentido de urgencia que nosotros requeríamos para nuestros achaques y dolores. En él no había ni rastro de insistencia, lo que no implicaba falta de competencia profesional, sino falta de suficiente convicción como para querer que el criterio de uno prevalezca. También podía interpretarse como falta de preocupación por el paciente. Como puedes ver, pedíamos a Loughrand que se moviera siempre en el filo. Si hubiera ido un paso más allá, le hubiéramos criticado por arrogante.

No es inusual que la unión entre pacientes y doctores, que se pueden haber sucedido unos a otros o conocido en una sala de urgencias o durante una larga enfermedad, no sea precisamente una relación ideal. Si eso puede afirmarse de los matrimonios en un país donde la tasa de divorcios ronda el 50%, sin duda se puede decir también de las relaciones médicas. Yo pretendía ser, en mi nueva faceta de médico de cabecera, más sutil que directo, trabajar más por el sistema de pensar por mi cuenta que metiéndome en lo que hacía Loughrand. Stella y yo continuaríamos teniendo el aspecto de pacientes normales. Seguiríamos necesitando chequeos, vacunas de la gripe y volantes firmados. Seguiríamos necesitando a alguien a quien preguntar y del que recibir consejo, aunque tomáramos ese consejo sólo como punto de partida; alguien que nos pusiera en marcha cuando surgiera un problema de la misma forma que nos había puesto en marcha respecto al Alzheimer.

Después de hablar con Carey Dingman sabía que tenía más opciones que el neurólogo que conocía Loughrand. No sabía si eran buenas, pero sabía que estaban allí. Dingman había mencionado la sección de psiquiatría de nuestro hospital. También había mencionado la Alzheimer's Association.

Loughrand no sabía que había sido sustituido por un aficionado, y eso era algo que yo no quería discutir con él. Cambié de tema.

—¿Qué es lo que hacen en la Alzheimer's Association? ¿Es algo de lo que debería informarme? —pregunté.

—No son una institución médica —dijo Loughrand—. Según tengo entendido, es un centro de información. Imagino que deben de tener buen material de lectura. Dentro de algún tiempo quizá le interese saber qué servicios de apoyo pueden recomendarle.

Deduje que no se había puesto en contacto con ellos y que ellos tampoco se habían puesto en contacto con él. Quizá le habían mandado algún folleto.

—¿Y qué hay de la sección de psiquiatría del hospital? ¿Se trata de algo que debería conocer?

El estilo de Loughrand no era hacer comentarios negativos. En su lugar, hacía pausas largas y entrecerraba ligeramente los ojos.

—Es nueva. No sé mucho sobre ella. Tratan a niños y adultos que sufren problemas emocionales. También tratan diversas demencias.

Trataba de recordar qué hicieron exactamente por un paciente suyo que tenía un problema médico. Por nuestras conversaciones anteriores ya sabía que Loughrand nunca había aceptado plenamente la psiquiatría como una rama de la medicina. Y yo tampoco estaba tan seguro de aceptarla.

—Bueno, ya sé lo del neurólogo —dije—. Querría pensármelo un día o dos antes de hacer nada.

Cuando llegué a casa, llamé a la oficina de la Alzheimer's Association. Una mujer con voz muy cálida me dijo que podía ir en ese mismo momento o pasar por la mañana.

La decoración de la oficina de Ina Krillman consistía en estanterías llenas de libros y folletos y una hilera de sillas de metal con brazos preparadas para montar una pequeña reunión frente al escritorio que ella dominaba como un adulto domina un poni. Llevaba un vestido de calle y un sombrero, no un uniforme de enfermera. Se levantó para darme la mano y sentarse junto a mí en una de las sillas metálicas, que desalineó para que pudiéramos hablar cara a cara. La tomé por lo que yo llamo una mujer gris, una de las admirables mujeres que hacen que las organizaciones funcionen, como había hecho Stella, pero que no detentan puestos de responsabilidad. Pensé que saldría de allí con un folleto sobre la enfermedad y otro que aconsejara a los cuidadores cuidar de sí mismos.

No estaba preparado para hablar con una mujer que había enterrado a su madre cuando el Alzheimer acabó con ella, cuyo padre estaba en su tercer año de la enfermedad y cuyo marido estaba de baja por enfisema. No es posible que al frente de cada una de las doscientas delegaciones de la asociación haya una persona como Ina, porque no hay tanta desgracia corriendo por ahí para moldearlas. Al principio no me dijo nada de su vida para ganarse mi confianza, sino que todo fue saliendo de forma oblicua, justo lo suficiente para que yo supiera que lo que me decía no lo había sacado de un libro.

Me fue sonsacando amablemente la historia de Stella hasta que se sintió preparada para decirme: «Digamos que el diagnóstico se confirma y vayamos un poco más allá. Con certeza, su mujer comenzará a medicarse con tacrina. ¿Conoce la tacrina, verdad?».

El doctor Loughrand y Carey Dingman la habían mencionado. Yo había cogido información sobre ella en la farmacia. Creía que era el único medicamento válido.

—No es cierto del todo —dijo Ina—. Hay nuevos medicamentos que están experimentándose en hospitales que seguramente estarían encantados de incluir a la señora Alterra en las pruebas. No los estoy recomendando ni dejando de recomendar. Sólo digo que están ahí porque, si no ahora, seguro que usted querrá saber de ellos dentro de unos meses, ya que —se aseguró de tener toda mi atención— la tacrina no vale para todos los pacientes. Muchos no pueden tolerar la dosis necesaria para que sea efectiva y no se puede saber si el organismo la acepta o no hasta que se toma y llegan los primeros análisis de sangre.

Si no era para todos los pacientes, ¿cuántos eran los afortunados? Si no había ninguna medicación, ¿qué posibilidades teníamos?

—Nada funciona como cura. Todo aquel que tiene Alzheimer muere con él. No necesariamente a causa de él, pero sí con él. No se puede eliminar. Mi padre tenía períodos de unos pocos meses en que parecía que la enfermedad había detenido su avance. Hubo los mismos períodos tanto antes como durante y después de la tacrina. Es difícil decir, en una enfermedad que no tiene ninguna secuencia previsible de avance, si el progreso se ha logrado ralentizar a causa de nuestra intervención. Confiamos en que los investigadores logren sacar pautas de los test con placebo (o de doble ciego). Nos dicen que el medicamento tiene algún efecto en la ralentización del declive. ¿Conoce los test de placebo?

Conocía el principio: un test de placebo compara la eficacia de un medicamento y de un placebo. Realizado sobre un número suficiente de sujetos, permite que emerjan pautas de éxito y de fracaso. Pero existían muchísimos factores externos (historiales familiares, enfermedades anteriores, estilos de vida) y, en los casos de Alzheimer, no había tiempo suficiente para llevar a cabo test satisfactorios de placebo. En el laboratorio, la tacrina había tenido un efecto positivo en el tejido. En la vida real, los efectos secundarios eran importantes, pero podían ser controlados mediante análisis de sangre e incluso se podía, si era necesario, cortar la administración del medicamento.

La madre de Ina había rechazado la tacrina, así que nadie podía decir si hubiera funcionado con ella.

—Se le disparó la bilirrubina. Pero, en cambio, hubo una mujer, una enfermera, que me decía —e Ina quería que prestase también atención a esto— que el efecto era tan evidente que cada día podía darse cuenta de si su marido había tomado o no sus cuarenta miligramos. Murió tras un año de medicación. Incluso si funciona, no lo hace durante mucho tiempo. No la recetan para mucho más de un año. Así que ya lo sabe.

Pero unos meses eran unos meses. Podían ser años. Durante ese tiempo un investigador podría descubrir una panacea maravillosa…

—Debe estar preparado para que su mujer…, ¿Stella?, no pueda medicarse con tacrina debido a sus efectos secundarios. Hay muchas posibilidades de daños en el hígado. Los pacientes que siguen el tratamiento se someten a un seguimiento intensivo. Si los análisis de sangre muestran daños en el hígado, se corta la medicación. Hay otros efectos secundarios, pero los daños en el hígado es el que conocemos mejor.

Ella había podido comprobar en qué consistía el daño al hígado, pues vio que la tez de su madre se tornaba amarillenta durante el mes que transcurrió antes de los primeros análisis de sangre. Las drogas que estaban experimentándose tal vez no fuesen más efectivas que la tacrina, pero no atacaban al hígado.

—Ina, si Stella fuera su madre, sabiendo lo que ahora sabe, ¿qué haría?

No dudó ni un instante.

—Le daría Cognex tan pronto como consiguiera una receta. Sería necesario un análisis de sangre como medida preliminar. Stella ya se lo hizo, ¿verdad? ¿La semana pasada?

El análisis estaba ayer en manos de Loughrand. Yo tenía una copia. Siempre pedía una copia de los análisis médicos, ya que a veces había algo en ellos que podía entender, como los niveles de colesterol o el nivel de PSA en la próstata.

—Y, al mismo tiempo, empezaría a planear cómo inscribirla en las pruebas clínicas de nuevos medicamentos a la primera oportunidad —dijo Ina.

«Planear» parecía una palabra extraña. «Planear» implicaba establecer contacto con el doctor Geerey, consultor para una institución médica que llevaba a cabo las pruebas clínicas de nuevos medicamentos para grandes corporaciones farmacéuticas internacionales. También tenía un despacho privado de neurología. Si Stella era paciente suya para el tratamiento con Cognex y éste no funcionaba, estaría en una situación inmejorable para apuntarse a la prueba clínica de algún medicamento experimental prometedor. Había una droga japonesa a prueba y también una suiza. Un test de placebo, que no era práctico para el diagnóstico de Alzheimer, sí lo era para diferenciar el efecto de una droga del de otra o del de un placebo.

—Si la tacrina tiene tantos problemas, ¿por qué no probar directamente el medicamento experimental?

—No creo que vaya a querer meterse en medicamentos experimentales hasta que descubra si Stella puede tolerar la tacrina. En una prueba puede que no reciba ningún tipo de medicamento, después de todo. Una prueba no es un servicio a los pacientes, sino parte de una investigación. Entraría en un test de placebo por un período de semanas o meses. Podría recibir el nuevo medicamento o el placebo. Y usted querrá asegurarse de que Stella esté recibiendo una medicina pronto.

Carey Dingman había dicho que incluso un mal medicamento tenía más oportunidades de ser efectivo en los primeros estadios de la enfermedad. Ina me lo confirmó.

—El paciente está afectado por el Alzheimer desde mucho antes de que se le diagnostique, quizá meses o incluso años. Yo me guío por instinto. Creo que los orígenes de la enfermedad se remontan muy atrás. Quizá no sea genético, pero están ahí mucho antes de que lleguen a la superficie como Alzheimer, mucho antes de lo que imaginamos incluso cuando vemos la enfermedad en perspectiva —el instinto le decía a Ina que la enfermedad estaba en su padre desde hacía mucho tiempo. No era una creencia científica ni se podía probar, pero estaba convencida de ello—. Cuando se manifiesta, lo hace con un empeoramiento radical. Es mucho mejor comenzar y luego detenerse si se cree que es una falsa alarma —cosa que descartó como improbable— que perder el tiempo.

Ina nos consiguió cita con Geerey al día siguiente. No hizo nada que Loughrand no hubiera hecho: miró los análisis de sangre y habló con el técnico de radiología, que le dijo que no había nada destacable en el escáner. Le hizo a Stella varias preguntas sobre su familia, sobre la cantidad de alcohol que bebía, le formuló algunos test de memoria, le hizo realizar varios dibujos y le dijo que restara siete de cien.

—Doctor —le dije en un aparte (Stella había dejado de darse cuenta de los apartes)—, hablamos de los sietes esta mañana. Quizá prefiera hacerlo con otro número.

Aunque los sietes son el número más común para realizar el test, no son mágicos. Al restar cualquier otro número también se demuestra la desaparición de esa habilidad.

Geerey agradeció el consejo y continuó como si no me hubiera oído: «Por favor, reste siete de cien».

—¿Siete de cien?

Stella se atrancó tratando de responder a lo que se le preguntaba. Tardó unos segundos más mientras lo pensaba y al final dio una respuesta equivocada.

No me sentí satisfecho con la rapidez con la que Geerey, igual que Loughrand, había llegado a una conclusión. De un neurólogo esperaba recibir ciencia mensurable, que para mí debía venir en forma de palabras: test de análisis múltiple secuencial, folato, vitamina B_{12}, análisis de tiroides y una punción lumbar. (Si la punción lumbar era simplemente recetada para saber una sola cosa más, me hubiera resistido vigorosamente a ella porque no me gusta la idea de una punción lumbar. Me hace sentir mareado, como comer caracoles. También había oído que eran muy dolorosas, y no iba a aceptar que Stella fuera sometida a algo doloroso sin que antes me dieran un montón de buenas razones.)

No es que no creyera a Geerey, pero pensé que Stella se merecía algo más pausado, más global. Aunque a un nivel lógico estaba satisfecho, emocionalmente necesitaba más. Así pues, durante la semana en que el doctor Geerey comenzó a tratar a Stella con Cognex, también visitamos la sección de psiquiatría del hospital y conocimos al doctor Harrison, un hombre alegre y considerado que daba la impresión de que te concedía todo su día de trabajo.

Por lo que a Stella respecta, sólo era una cita más para ver si se podía hacer algo para mejorar su memoria. Después de ese día, Alan Harrison se convirtió en el mentor de Stella en la sección de psiquiatría durante varias sesiones de test que duraban medio día. Stella describió esos test de la misma forma que había descrito los de Loughrand: preguntas estúpidas.

A algunas de las entrevistas con Harrison fuimos juntos para que pudiera hacerse una idea de nuestros caracteres, comprobar qué tipo de relación era la nuestra y la verosimilitud de las respuestas de cada uno cotejándolas con las del otro. Los psiquiatras siempre tienen que sospechar que hay algo más en un caso de lo que se puede percibir a simple vista.

Durante algunos minutos de cada visita Stella se quedaba sola con Harrison mientras yo leía en la sala de espera revistas como *People*, *Money* y *Book Digest* y me preguntaba qué llevaría a los jó-

venes y niños que se sentaban a mi alrededor a la sección de psiquiatría, una sección que ni Stella ni yo habíamos visitado nunca
antes. Al fin, salía del despacho de Harrison con una carpeta de test
de múltiples opciones para completar antes de irnos a comer.

—Me habla como si fuera una niña —me dijo una vez—. Me
preguntó cuándo era mi cumpleaños. Cuando le contesté me dijo:
«Eso está muy bien». Pensé que hasta iba a darme una piruleta. Por
favor, todo el mundo sabe cuándo es su *cumpleaños*.

En unos pocos meses, ya no lo sabría todo el mundo.

Nos sentamos uno junto al otro en unas sillas de oficina, con la
carpeta en su regazo. Me resistí a los intentos de Stella de implicarme en las respuestas. Sería lo mismo que dar la muestra de orina de
otra persona cuando te piden la tuya.

—Es tu test, no el mío.

No se estaba concentrando bien. La intensidad de la experiencia
la estaba agotando. Me mantuve atento para que no se despistara y
perdiera el rastro de las páginas que quedaban. Tendía a detenerse
en cada «sí, no, a menudo o nunca» como si no hubiera otras preguntas con las que continuar. Había perdido el concepto del ritmo,
la percepción de que acabar con la pregunta 35, 37 o 46 en los pocos segundos que se necesitaban para marcar con un círculo el sí o
el no guardaba una relación de causa y efecto con el hecho de poder acabar las doscientas preguntas antes del límite de tiempo.

En algunas preguntas le hice ver que había marcado tanto el sí
como el no.

—Contestaste a esas preguntas de la misma manera que lo haría
tu hijo cuando está enfurruñado. Aquí sólo se te permite una respuesta. Sí o no. ¿Cuál prefieres?

También estuve atento para que no hubiera respuestas no inten-
cionadas que llevaran al interrogador a sospechar que el problema
podría ser otro: que podría estar tomando drogas o alcohol, estar
deprimida, tener tendencias suicidas u odiar a su padre. Una u otra
versión de estas preguntas aparecía repetidamente. Algunos errores
casuales podrían ser corregidos por el peso de la evidencia en con-

tra, pero otros podrían contaminar el subconsciente del examinador que al final del día la casilla «Ninguna de las respuestas anteriores» se pudiera convertir en la posibilidad de que lo que le sucedía a Stella es que necesitaba un poco de jerez para pasar la tarde.

—¿De verdad querías decir aquí que tomas más de quince centilitros de whisky antes de cenar?

Le enseñé lo que quince centilitros ocuparían en un vaso.

—¿Yo?

—Es tu test. Pero ¿quieres decirle al doctor Harrison que tomas cuatro copas de whisky antes de cenar?

—No suelo beber nada antes de cenar.

—Pues eso es lo que tienes que decirle si no quieres que piense que eres una alcohólica. Yo borraría el círculo alrededor del 4 y lo pondría en el 0.

Pero más significativo que su respuesta a cualquier pregunta o su lentitud al pasar de una a otra era su constante incapacidad para prever el espacio que su escritura ocuparía en una línea. Cuando ponía su firma al final de cada página no podía ser consciente del espacio limitado que le daban. Su firma avanzaba confiada hacia el margen, dejando espacio al final sólo para unas pocas letras apretadas. En las preguntas del test que requerían respuesta escrita, sus frases se estrellaban contra los márgenes de la hoja. Cuando le llamé la atención sobre ello, añadió al principio de las frases algunas palabras, como había hecho para Loughrand.

No creo que Harrison necesitara tener todas las respuestas de los test antes de saberlo. Sólo la compacta firma de Stella en la primera página ya le habría alertado. Estoy seguro de que Loughrand tampoco había necesitado llegar hasta los sietes antes de hacer la educada sugerencia de que Stella tenía Alzheimer. Podía incluso haberlo visto ya en la forma en que Stella firmó en el registro de su secretaria. Por supuesto, nadie podía decidir definitiva e irretractablemente sobre evidencias tan nimias, pero seguro que la aguja de la brújula se reorientó al verlas.

El Alzheimer sólo va cuesta abajo, con ocasionales mesetas de unas impredecibles semanas o meses en que algunos declives parecen detenerse mientras otros continúan. Lo mejor que se podía esperar de la medicación de Stella era que redujese el ritmo del declive.

Para los investigadores, la respuesta a esas preguntas la proporcionaban test que preveían la conducta de grupos que estaban o no estaban tomando medicación. Algunos individuos tal vez no exhibiesen la conducta habitual. El mismo curso de la enfermedad es errático, el ritmo del declive varía según los casos y los síntomas. Stella era un individuo. Para mí, conociendo la variedad de los síntomas y la aparente aleatoriedad con la que aparecían, la pregunta era: ¿qué valor tenía para Stella la medicación? Nunca pude responderla. Así, actué conforme al principio de Pascal: si la fe no comporta ningún gran perjuicio y la posible ganancia es notable, ¿por qué no actuar con fe?

Había que trabajar con la posibilidad de un buen resultado inmediato. Para conseguirlo, Stella necesitaba llegar al nivel de dosis de cuarenta miligramos lo antes posible. Si ese nivel de medicación era peligroso, los análisis de sangre nos alertarían. La clínica partía de una dosis de diez miligramos, que casi todos los pacientes toleraban, y después subía a veinte. Si casi todos los pacientes toleraban los diez miligramos, ¿por qué no comenzar directamente con veinte?

Y si empezábamos con diez, ¿por qué no lanzarnos a treinta y retroceder a veinte si era necesario? Lo pregunté. Esto era la guerra, y en la guerra los generales que la conducían no estaban atados por lo dicho en libros escritos en la tranquilidad de las academias, sino que rompían el centro del frente o atacaban el flanco. Su objetivo era ser efectivos. Mi objetivo era llegar a la dosis efectiva. Ahora cada día contaba.

La clínica sostenía que la capacidad del paciente para absorber la droga era progresiva. Puede que los pequeños saltos en la dosis tuvieran poco valor curativo, pero preparaban al cuerpo para aceptar dosis mayores. Así que había que ir poco a poco. Al mes siguiente el laboratorio de análisis de sangre indicó que Stella podía avanzar a los treinta miligramos. Presioné de nuevo para saltar a los cuarenta y me respondieron otra vez que el protocolo, que había sido elaborado sobre la base de la experiencia acumulada, requería que se pasase primero por la dosis de treinta.

Si hubiera visto siquiera un destello de estabilización de la enfermedad, puede que me hubiera sentido menos ansioso, pero Stella empeoraba constantemente desde el diagnóstico original de Loughrand. Era como si el hecho de que lo hubiéramos reconocido oficialmente como Alzheimer lo hubiera hecho más poderoso. La forma de hablar de Stella se estaba volviendo más y más lacónica. Su capacidad para hacer la compra, manejarse en la cocina, en el trato social o para saber en qué día vivía había disminuido con rapidez. Había dejado de conducir por propia voluntad, lo que era una concesión muy poco habitual para alguien con Alzheimer.

Quedé con Grita Tomaz, un dechado de empleada del hogar que venía a nuestra casa unas horas a la semana desde hacía muchos años, para que nos dedicara tanto tiempo como le permitieran sus otros compromisos. Yo sabía que sus habilidades iban mucho más allá de las tareas del hogar. En los días en que no nos atendía iba a trabajar con un enfermo crónico que no podía salir de casa o con otra enferma que, a pesar de estar en un asilo, no quería que Grita dejara de ir para leerle cosas, ayudarla a realizar sus ejercicios o darle pacientemente de comer.

En *Another Name for Madness*, el impetuoso relato de Marion Roach sobre la vida de su madre con Alzheimer, la autora escribe sobre una mujer que había trabajado para la familia durante mucho tiempo y que se convirtió en la enfermera y compañera de la mujer para la que había limpiado la casa, y también en la mejor amiga de la paciente. No puedo decir menos de Grita, que hizo por Stella todo lo que habría hecho una amante madre y que también se convirtió en su amiga más íntima. Añadiría una excepción: «después de mí», pero no estoy seguro de cuál de los dos era más indispensable.

Pronto necesitamos más días de los que Grita podía darnos y nos dirigimos a agencias de cuidados a domicilio. Respeto la preparación y el compromiso que aportan a esta exigente tarea las mujeres que nos enviaron esas agencias, pero nada puede igualarse a la verdadera vocación. Grita, que no tenía ni certificado ni una sola hora de entrenamiento, poseía un instinto que le indicaba lo que era correcto hacer. Lo veía todo, escuchaba a los doctores y las enfermeras, no olvidaba nada y hacía sugerencias con mucho tacto cuando el cuidador mismo, su empleador (yo), no lo hacía tan bien como podría con su paciente.

Grita animaba a Stella a pasear, a hacer ejercicios, a mirar las viejas tarjetas de Navidad, felicitaciones de cumpleaños y álbumes de fotos y a pintar los dibujos de los cuadernos para colorear. Con su mano izquierda mantenía la casa en orden, hacía la colada, preparaba las comidas y llenaba la nevera con cacerolas y pastas. Aparentemente sin que le afectase a nivel emocional, Stella le cedió todas sus antiguas responsabilidades y sólo entraba de vez en cuando en la cocina para ver cómo iba todo.

Conscientes de las recomendaciones que las más prestigiosas autoridades hacían respecto a que el receptor de cuidados tenía que participar en las actividades que solía llevar a cabo, Grita o yo, cualquiera de los dos que ese día tuviera puesto el gorro de cocinero, invitábamos a Stella a echar una taza de leche en la masa, a poner mantequilla en el pan, a poner la mesa o a apretar el botón de la batidora. Una cocina no es una línea de producción, las tareas simples se hacen en unos momentos y no hay ningún registro de trabajos sencillos pendientes para alguien que haya perdido sus habilidades. Sólo hay un número determinado de piedras en las lentejas, un número determinado de frambuesas en mal estado que sacar de la bolsa o un número determinado de huevos que hay que batir. Stella no tenía que acercarse a los fogones, manejar cuchillos o cacerolas ardiendo, sacar nada de la parrilla o del horno ni hacer nada que implicase electricidad, excepto apretar el botón de la batidora o la cafetera o bajar la palanca de la tostadora. Pronto perdió el interés.

En la clínica, antes de que llegáramos a los treinta miligramos, el hígado de Stella rechazó la medicación. Los análisis indicaban que ese órgano no era capaz de «asimilar, procesar y secretar bilirrubina en la bilis».

A pesar de que no me alegré del fracaso, estaba mentalmente preparado para pasar página y orientarme hacia las pruebas clínicas de drogas de última generación, que tenían las mismas virtudes que la tacrina y, además, una alta probabilidad de no producir daños en el hígado. Pero antes de que Stella pudiera ser aceptada en la prueba, tenía que recuperar su estado de salud normal. Cuando nos dijeron que la recuperación sería rápida, no estaban hablando de días.

—Serán cuatro semanas. Quizá seis.

Yo creía que si la tacrina fallaba avanzaríamos más rápido hacia el nuevo medicamento. Nadie me había avisado de que no sería así. Empecé a pensar como los pacientes de cáncer que se van a México para seguir tratamientos con medicamentos que no están aprobados en Estados Unidos. Mi nuera, cuya ayuda nunca agradeceré lo bastante, encontró en el hospital artículos sobre el doctor Chaovance Aroonsakul de Naperville, Illinois. Aroonsakul se había especializado en neurogerontología y biología molecular y en 1984 había abierto una consulta basada en su propia investigación y en el trabajo posterior del doctor Bengt-Ake Bengtsson, profesor de endocrinología en la Universidad Gotebord de Suecia. ¿Acaso esas credenciales no impresionan a todo el mundo? En pocas palabras, la teoría de Bengtsson era que, dado que tanto el Alzheimer como el Parkinson provenían de la neurodegeneración, el Alzheimer podía tratarse con la terapia de sustitución de hormonas que se aplicaba al Parkinson.

La FDA respaldó a Aroonsakul al aprobar el tratamiento. Medicare cubría las visitas a la consulta y el IRS[1] permitía incluir los

1. Internal Revenue Service (IRS). Impuesto sobre la renta y plusvalía de Estados Unidos. (*N. del t.*)

84

costes en la línea de gastos médicos, sujetos al mismo límite de deducción que los demás gastos por el mismo concepto. No pude evitar darme cuenta, y eso despertó mi escepticismo, de que Aroonsakul apoyó su teoría en solamente siete historiales de pacientes antes de crear el Alzheimer's and Parkinson's Disease Diagnostic and Treatment Center. A pesar de que no me oponía a escoger una opción arriesgada, era reticente a jugarme el futuro de Stella cuando la opción de entrar en las pruebas clínicas de un nuevo fármaco en una clínica cercana aún estaba sin explorar.

Lo que retuvo mi atención es que el doctor Aroonsakul había informado de que tuvo éxito al revertir —¡*revertir!*— el Alzheimer. Por lo menos le iba a hacer una llamada.

Hablé con un asociado del doctor Aroonsakul que, por la voz, parecía un hombre sobrio y poco dado a las afirmaciones extravagantes, no un charlatán.

Le pregunté si podría recomendarme algún doctor de Nueva York o Massachusetts que practicara el mismo tratamiento, pero me respondió que no, que deberíamos ir a Chicago. Tendríamos que vivir allí durante un período indefinido de tiempo, pues era necesario que el paciente estuviera siempre estrechamente supervisado. Pero…

—Me ha dicho que su mujer tuvo que dejar la tacrina porque le perjudicaba al hígado. No podremos comenzar hasta que la bilirrubina le vuelva a los niveles normales.

Así pues, la clínica de Illinois no podía empezar su tratamiento antes de que mi clínica local concluyera el suyo. Al menos de momento, descarté la posibilidad de mudarnos a Illinois.

También había disponibles remedios herbales que se apartaban de la corriente dominante. Mis hijos, para asegurarse de que me tomaba en serio los remedios naturales y no los rechazaba de antemano como había rechazado la música de su generación, me obligaron a leer toda la literatura alternativa disponible sobre vitaminas, minerales y plantas. Yo era un auténtico agnóstico en esos temas, pero estaba tan dispuesto a creer como a no creer. Lecticina, vitamina E y ginkgo eran nombres y etiquetas que aparecían una y otra vez en las tiendas de comida natural. El extracto de brécol también tenía sus defensores. Estos compuestos los producían compañías pequeñas que no podían permitirse el caro proceso de la FDA. Para evitar problemas con la FDA, las etiquetas de los recipientes eran de una sobriedad espartana. Las circulares de las tiendas de comida natural, sin embargo, no se comportaban con tanta disciplina y relataban testimonios de consumidores satisfechos que resultaban al menos igual de persuasivos que los test de placebo de la medicina común.

Hablé con tres doctores, incluyendo al hepatólogo jefe de un hospital universitario, sobre todas las alternativas. Todos coincidieron en que, mientras continuara el daño al hígado, no se debía administrar ninguna droga, ni de las convencionales ni de las que promocionaban folletos llenos de signos astrales. Y claro, usar cualquiera de ellas excluía usar las otras, pues si el hígado de Stella volvía a rechazar un medicamento, ¿cómo saber de cuál era la culpa si tomaba más de uno a la vez?

Tenía que escoger la próxima terapia, pero, eligiera la que eligiera, Stella tendría que esperar un mes. Ese mes se convirtió en dos y, al final, en tres horrorosos meses durante los cuales no pudo tomar ningún medicamento porque su cantidad de bilirrubina no conseguía, cada vez por un margen más pequeño y martirizante, volver a los niveles normales. Y, mientras tanto, sus capacidades iban reduciéndose más y más.

Después del problema con el hígado vino el placebo. La prueba en que Stella participaba tenía un objetivo muy concreto y había tres enfermos que recibían la droga por cada uno que recibía un placebo. Yo esperaba, para jugar sobre seguro incluso a pesar de las buenas probabilidades, que la directora de la clínica fuera capaz de manipular el lote de Stella para asegurarse de que recibiera la medicina, pero no pudo hacerlo. Los paquetes con las dosis se preparaban en otra parte y el personal de la clínica no sabía cuál era su contenido más de lo que lo sabía el paciente. Lo único que se hacía en la clínica era dar el lote con número tal al paciente al que le correspondía. La prueba clínica tenía que asegurarse de estar protegida contra peticiones plausibles como la mía.

—Yo de usted no me preocuparía —me dijo la directora—. Con un porcentaje de tres a uno…

Se equivocaba. Ella, en mi lugar, se preocuparía.

—Stella ha estado sin recibir ninguna medicación todos estos meses. ¿No hay ninguna manera de asegurarse de si ahora está tomando ·do el medicamento?

Lo lamentaba, pero no había ninguna manera. De todas formas, la prueba se habría acabado en dos meses y después Stella sería elegida para una prueba de observación, en la que sólo se usaba medicamento, y no placebo. Stella recibiría entonces la droga, que aún no estaba disponible para el público, durante tanto tiempo como su organismo la tolerara, es decir, un año o más.

No tenía la más mínima intención de darle a Stella ningún placebo. En cuanto regresamos de la clínica, abrí una cápsula del paquete que contenía la dosis de aquel mes y vi que contenía un polvo blanco. Me puse un poco en la lengua y no sabía a nada, ni dulce, ni amargo, ni a almidón, ni a azúcar. Lo más parecido que se me ocurría era serrín muy fino. Lo metí con una cuchara en una bolsita de plástico y lo llevé al laboratorio del hospital. Pregunté si podrían analizarlo y decirme si era una droga, cualquier tipo de droga, o una sustancia inofensiva.

El encargado se fue a consultar dentro de una habitación y al salir me dijo: «Aquí no hacemos análisis. Mandamos lo que tenemos que analizar a un laboratorio de Boston».

Sacó el nombre y el teléfono de su agenda. El nombre era el de una compañía farmacéutica tan grande que podía imaginarme toneladas de burocracia y días y días de espera para recibir el informe. Aun así les llamé y les conté lo mismo que había dicho en el hospital. Recibí una respuesta instantánea: «No hacemos análisis para particulares».

¿Y sabían de alguien que sí los hiciera?

No, no sabían de nadie. El desinterés, el hecho de trabajar con anteojeras, de toda la gente apoltronada entre los estrechos márgenes de su propio trabajo diario debe de crear muchas oportunidades para que otros saquen lo mejor de sí mismos. Si yo trabajase para un laboratorio, sabría el nombre de todos los otros laboratorios del sector y a qué se dedican exactamente. No puedo decir en qué me beneficiaría eso, pero tengo la romántica idea de que saber es siempre mejor que no saber. Entonces me vino a la cabeza el laboratorio en el que tenía que haber pensado en primer lugar: el de la policía. La policía tiene que ser capaz de realizar análisis rápidos para detectar drogas: marihuana, anfetaminas o cocaína. La nuestra es una ciudad pequeña, así que puedes entrar en la comisaría y hablar con la gente adecuada. Le di al sargento del mostrador la bolsita con la dosis de Stella y le pregunté lo mismo que pregunté en el hospital.

—No es que tengamos un gran laboratorio. Sólo analizamos para buscar rastros de sustancias prohibidas.

—Con eso me basta. No me hace falta saber qué es. Todo lo que quiero saber es si es algo o no es nada en absoluto. ¿Ustedes pueden hacer eso?

—Podría ser. Vuelva mañana por la mañana.

Por la mañana me dio un sobre con un sello oficial con una etiqueta que declaraba que allí no se había hallado ninguna sustancia prohibida.

—¿Han venido sus nietos de visita? —me preguntó con las sospechas propias de un policía.

—Más o menos —le dije.

—Si hubiéramos encontrado algo, le tendríamos que hacer algunas preguntas.

Me fui al despacho de la directora de la clínica.

—Parece que mi mujer está recibiendo el placebo. Lo siento mucho pero no podemos aceptarlo porque ya hemos perdido mucho tiempo.

—¿Cómo sabe que se trata del placebo?

—No importa cómo, pero lo sé. Voy a sacar a Stella del programa de prueba —y exageré un poco—. Podemos entrar en otro programa que empieza mañana en Boston y que ofrece mejores posibilidades. Puede que no sea un medicamento tan bueno, pero al menos no será un placebo. Lo siento, pero no puedo dejar que Stella siga sin tomar medicación.

—Mire, iba a llamarle —me dijo—. Alguien se ha retirado de uno de los programas de observación. Stella puede sustituirle comenzando mañana mismo —esbozó una sonrisa cómplice—. ¿Cómo le suena eso?

Al día siguiente recibimos un nuevo paquete con dosis de medicamento. Abrí una cápsula y me llevé el polvillo a la lengua. Seguramente complacería a mi ego decir que mi talento detectivesco me confirmó lo que quería saber y que el polvillo tenía un gusto muy amargo que me hizo estar seguro por primera vez de que Stella estaba recibiendo la mejor medicina posible. Pero el hecho es que el polvillo era tan insípido como el otro. La textura me pareció un poco más gruesa, pero puede que eso fuera producto de mi imaginación.

Volví a la clínica y le dije a la directora: «Necesito estar seguro de que esto no es un placebo».

Aquellos que trabajan para un sistema saben que su deber y su lealtad deben estar con el sistema, y no con el público. No obstante, siempre esperamos que, en nuestro caso concreto, se aplique una vara de medir diferente. La miré directamente a los ojos mientras le decía que necesitaba que me lo garantizasen y no aparté la mirada cuando me contestó: «Es la buena».

En el ínterin, tras el diagnóstico de Loughrand y el momento en que Stella entró en la prueba clínica de la droga suiza Sandoz ENA 713, su declive se hizo más pronunciado que nunca. Había estado sin recibir ningún medicamento ni siquiera teóricamente efectivo durante siete meses antes de empezar con la 713. Si a eso añadimos los meses en que el Alzheimer había estado probablemente activo sin que nos diéramos cuenta, Stella podía haber estado mucho tiempo —ni siquiera quiero pensar en cuánto, quizá más de un año— sin recibir atención médica significativa. Y, aun así, estoy convencido de que actué con mucho más celo que otros cuidadores.

Mientras la dosis de la nueva droga iba aumentando según lo previsto, Stella comenzó a sufrir desorientación con más frecuencia, su habla se hizo entrecortada y lacónica y su capacidad para caminar empeoró hasta el punto de que sólo se sentía segura si podía apoyarse en el brazo de su acompañante o en un bastón. Pocas veces en mi vida me he sentido tan completamente inútil como entonces. Stella se me estaba escurriendo entre las manos. Su firma ya no aparecía desperdigada en el margen de los documentos o embutida como un ejercicio de escritura en la cabeza de un alfiler. Su firma se convirtió en la mía bajo los poderes concedidos por un abogado.

Creo que el mérito del leve retraso del declive, sobre todo en sus habilidades sociales y en su capacidad cognitiva, debe concedérsele a la Sandoz ENA 713. Sus capacidades físicas (hablar, alimentarse, usar el baño, escribir) continuaron cayendo, pero de forma menos radical. El carácter global del declive cambió de una rápida decadencia a un descenso moderado. Si hubo relación causa-efecto con la droga o fue mera casualidad puede discutirse, pero no a mí. Yo he seguido convencido de que la 713 contuvo la inevitable caída.

Algunas veces vuelvo a llevarme algo de la ENA 713 a la lengua. Siempre sabe a serrín. No hay forma, me digo a mí mismo, de que ni siquiera el sistema más maligno hubiera estado dándole a Stella un polvillo sin efectos durante todo este tiempo. Sigo creyendo que, al menos en esa ocasión, tomé la opción correcta para Stella.

4

Abandonar las llaves

En la Village Nursing and Retirement Residence, pequeños grupos de ancianos (no necesariamente con Alzheimer, sino ancianos con algún impedimento o simplemente con los problemas típicos de la edad) se reunían uno o dos días a la semana para hacer trabajos manuales, comentar las noticias, hacer ejercicio y visitar jardines y galerías.

Creí que el grupo de ancianos de la residencia podría ser adecuado para Stella, a pesar de que ni en sus mejores años había sido muy propensa a unirse a grupos. Stella era miembro y pagaba las cuotas de una docena —o quizá varias docenas— de organizaciones que coincidían con sus intereses. Había de todo, desde la Symphony Society hasta Common Cause, pero Stella no iba casi nunca a las reuniones si podía evitarlo. En aquel momento Stella había comenzado a tomar tacrina, pero aún no habíamos descubierto que su hígado no la aceptaba. No recuerdo qué argucia usé para convencerla de que me acompañase a la Village Residence para averiguar qué se hacía allí.

El recepcionista nos condujo a una habitación en que una docena de ancianos y dos o tres trabajadores estaban inmersos en las actividades matutinas. Estaban jugando al bingo. Parecía que hubieran estado celebrando una fiesta, pues muchos llevaban sombreros de payaso. De las paredes de la habitación colgaban láminas con figuras dibujadas con palos o paisajes simples. No tuve que mirar a Stella

91

para saber que estaba arrugando la nariz. No le parecía un ambiente adulto. La mujer a cargo de las actividades nos preguntó si nos gustaría sentarnos durante un rato. Stella me indicó que estaba dispuesta a marcharse. Le expliqué a la mujer que sólo queríamos echar un vistazo a las instalaciones, le di las gracias y nos fuimos.

Necesitaba reorganizarme. Fui a la Alzheimer's Association y le pedí asesoramiento a Ina. Me dijo: «¿La Village Residence? Eso es un centro de día. Creo que lo que usted está buscando son grupos de apoyo».

Yo no sabía que existiese tal distinción. Ina me explicó que los centros de día eran para gente que está viviendo con unas capacidades mucho menores a las que aún tenía Stella y que, desde luego, no eran adecuados para los cuidadores.

—Tenemos algo en marcha aquí mismo que podría ser adecuado tanto para usted como para Stella.

Tenían grupos separados para los cuidadores y los receptores de cuidados, que se reunían durante una hora en semanas alternas. Ina se refería a los dos grupos como el de cuidadores y el de cónyuges y, en efecto, así era la mayoría de las veces, pero en ocasiones la pareja estaba formada por hermanos o por un padre y un hijo. En una habitación, los cuidadores compartían experiencias, recursos e intercambiaban consejos. Al otro lado de la pared, los cónyuges hablaban de cualquier cosa que surgiera: de sus comidas o programas de televisión favoritos, o de lo que les gustaba y lo que no les gustaba de lo que les pasaba en casa. Hablaban sobre lugares donde habían estado y sobre sus hijos.

—A veces hablan sobre sus maridos —me dijo Ina—. Pero nunca sabrás lo que han dicho: se mantiene siempre dentro del grupo.

No esperaba que a Stella le entusiasmase la idea. Pero quizás encontrara interesante su grupo o conociera allí a gente que le gustara. Las sesiones, además, duraban sólo una hora. Yo iba a estar en la habitación de al lado con los cuidadores. Si no le parecía interesante, sólo tenía que decírmelo después de la primera sesión y no volveríamos.

Echando un vistazo a la habitación de los cónyuges me encontré con un grupo normal de mujeres que parecían estar reunidas en una biblioteca para escuchar un debate, mujeres que no consideraría particularmente mayores en nuestra zona del país, donde abundaban los jubilados. Existía una regla de admisión para potenciar la unidad del grupo: el Alzheimer debía estar en sus primeras fases, en el primer año (quizás en el segundo, pues es difícil saber cuánto tiempo estuvo la maldita cosa en marcha antes del diagnóstico). En consecuencia, no se tenían en cuenta ni los años ni los análisis, sino la conducta del enfermo.

A Stella la desanimó una mujer que después yo conocería como Alma y a cuyo marido, Dan Boudreau, tenía junto a mí al otro lado de la pared. Tanto el habla como las sombrías maneras de Alma dejaban claro que sufría un grave deterioro mental.

—Esa mujer no está bien —me murmuró Stella.

Pensé con desmayo en Groucho Marx, el hombre que nunca entraría en un club que admitiera a socios como él. Una mujer a la que conocíamos desde hacía algunos años reconoció a Stella y la saludó.

—Nos vemos luego, Stell —le dije—. Yo estaré en la habitación de al lado.

La dejé con Lenore, la moderadora que la asociación había asignado a su grupo, y me reuní con el grupo de cuidadores en la otra habitación.

Yo no necesitaba que me entretuvieran, ni estaba tan ocioso que necesitara que se ocuparan de parte de mi tiempo. Tampoco sentía la necesidad de encontrarme entre otros cónyuges en mi misma situación. Me uní al grupo para escuchar las experiencias de otros cuidadores y, a cambio, contar algunas de las mías. Me esperaba una agradable sorpresa: la moderadora de nuestro grupo era Ina. Al principio, tras la ronda de presentaciones, rompió el hielo: «Mi padre tiene Alzheimer desde hace seis años».

Ina había convivido con la enfermedad tres veces más de lo que cualquiera de nosotros lo había hecho. Su madre también tenía la

93

enfermedad. Su marido tenía enfisema. Ina ya esperaba tener problemas, entre ellos cuidar a un inválido. Cuando el teléfono sonaba después de un día en que Ina no había oído más que historias durísimas en la asociación, podía ser su hijo, que, como siempre, necesitaba algunos dólares para llegar a fin de mes, o su hija, que llevaba una vida disoluta.

Después de hablar con Ina muchas veces, acabé imaginándola como el mascarón de proa de un velero, veterano de largos viajes con buen y mal tiempo, que se había ganado estar un tiempo transportando sólo pequeñas cargas por la costa, pero que iba a donde le ordenaban. Y no lo hacía por los cuatro chavos que le pagaban en la Alzheimer's Association, sino porque era algo que hacía bien y cuyo horario era compatible con sus obligaciones. En su interior tenía el armazón de una matrona sargento: buen pecho, cintura estrecha y buenas caderas. Ella y su marido solían salir mucho a bailar. Ina recordaba los salones de baile y los nombres de las bandas que tocaban a Berlin, Porter y Arlen.

—Oh, me encantaba bailar —dijo Ina. Yo pensé que seguramente aún lo hacía, pues mientras hablaba de ello su rostro se iluminaba, como a menudo sucede con las caras de las mujeres mayores cuando recuerdan sus tiempos de baile.

Imagino que yo era el mayor del grupo. Con generosidad podría decir que el hombre más joven estaba en las últimas etapas de la mediana edad. La única mujer, en cambio, tenía unos cuarenta años, se llamaba Dorothy y estaba casada con el hombre más anciano de la otra habitación.

No se sigue necesariamente que la composición de la habitación de al lado fuera la inversa a la nuestra, o sea, seis mujeres y un hombre. Las mujeres podían estar cuidando a sus madres; los hombres, a sus hermanos. En otros grupos las mujeres eran mayoría a ambos lados de la pared. Las mujeres siguen siendo las cuidadoras de niños y padres, nos sobreviven y, por consiguiente, sufren más a menudo la más típica de las enfermedades de la edad avanzada. Los grupos se reunían semana sí, semana no durante una hora en ciclos

94

de seis reuniones. Se podía unir gente nueva en cualquier momento, pues no había ningún programa preestablecido. Las reuniones eran siempre lo que los miembros del grupo quisieran que fueran. Algunas parejas asistían a varias reuniones y luego lo dejaban porque sus horarios les impedían acudir en las fechas programadas o porque era demasiado pesado conducir durante una hora para asistir a una reunión que duraba sólo una hora. Algunos enfermos descubrían, tras una sesión o dos, que no querían estar junto a gente deprimida o gente que hablaba siempre sobre sí misma o que se quedaba dormida de repente. Cuando los enfermos renunciaban, sus cónyuges también se iban.

Habitualmente la gente se iba porque, al pasar las semanas o los meses, algunos cónyuges se adentraban demasiado en la jungla de la enfermedad y el cuidador los retiraba o porque Lenore detectaba que una persona profundamente desorientada creaba problemas de conducta e imagen, es decir, afectaba a la imagen que tenían de sí mismos los miembros menos afectados del grupo y sus cuidadores. De nuevo el síndrome de Groucho Marx. Conforme pasaba el tiempo, algunos mostraban una vigorosa irracionalidad. Otros dejaban de responder a su entorno y se dormían. Lenore hablaba entonces con el cuidador y, siempre con el máximo tacto, le hacía saber que quizá no era una buena idea que se apuntara a las reuniones de los tres meses siguientes.

Así pues, en el grupo de los cuidadores había veteranos cuyos cónyuges habían conseguido resistir. Aportaban a la reunión no sólo sus propias experiencias, sino también las que les habían explicado otros. Yo llegué al grupo como un novato y me convertí en un veterano cuando Stella me dijo que se divertía y que quería continuar con el grupo durante otro ciclo. En algunos aspectos había llegado a un estado de la enfermedad que iba más allá de los límites que Lenore admitía, pero tenía un don para el trato social que la hacía parecer menos afectada de lo que estaba en realidad.

Durante medio año se unieron y luego partieron o continuaron alrededor de veinte parejas nuevas. Alguna ley estadística debía estar operando allí, pues el grupo siempre se mantuvo alrededor de las siete parejas, oscilando entre una o dos más o menos, según el momento. No hay ningún fenómeno en el universo más sorprendente que las leyes de la probabilidad: ni la gravedad ni el espacio resultan más chocantes.

Un día estábamos intercambiando experiencias sobre cómo nuestros cónyuges habían tenido que renunciar a su permiso de conducir. Horton decía, no sin satisfacción, que su esposa aún conducía. Se trata de un hombre de personalidad dominante, que fue vicepresidente de una gran corporación antes de retirarse con la jubilación y beneficios de su puesto.

—¿Tu mujer aún *conduce*? —espetó Dan. Él habla habitualmente con el estilo circunspecto de un vendedor que se dirige a la gente que le hace los pedidos. Que la mujer de Horton aún condujese lo pillaba con la guardia baja. Ha visto a Marie en el vestíbulo y de camino al aparcamiento. Marie parece tan descentrada como Alma, y Alma no conduce. Se trata de una injusticia—. ¿La dejas conducir el *coche*?

La mayoría de los que estamos aquí vive del sueldo de cada mes y, desde que comenzó el Alzheimer, se inició también el gasto. Dan está en las últimas. Siguió trabajando incluso cuando pasó la edad prevista para su jubilación y luego se acogió al pluriempleo. Va de tienda en tienda vendiendo ultramarinos, rellenando estantes, entregando pedidos de emergencia que no pueden esperar al camión del jueves, intentando que los morosos paguen sin perderles como clientes. Le queda menos pelo que el que tenía cuando su peluca era nueva y ahora la peluca se parece a algo que un monje o un judío muy religioso podrían llevar en caso de emergencia. Tiene un carácter amigable, le gusta contar chistes y me parece un hombre que siempre ha creído que las cosas estaban a punto de irle mejor. Está en la asociación por las llamadas que puede atender al no tener que cuidar a su mujer. La mayoría de los días la deja de nueve a tres para que ella se valga sola.

A Horton y a Marie les va bien, aunque un chófer no los lleva de aquí para allá, que es lo que probablemente hubieran esperado a su edad. En Horton hay una especie de frugalidad crepuscular que no se deja ver. Él y Marie tienen ama de llaves y un jardinero que les cuida el jardín y les hace labores menores de carpintería. El último 4 de julio Horton invitó al grupo a hacer un picnic en su casa, que ocupa varias hectáreas de tierra en el meandro de un río. Antes era la casa de verano de la familia. En una mesa había una foto de un Horton y una Marie más jóvenes en la puerta de una casa mucho más propia de un vicepresidente, con columnata incluida.

Pero Horton tiene otro tipo de riqueza mucho menos común en un hombre cuya mujer está en las primeras etapas del Alzheimer: varias de sus hijas viven cerca y están dispuestas a ayudar. Los hijos de Dan Boudreau, Kevin y Dorothy o los míos están igual de dispuestos a colaborar, pero viven en California, Canadá o Maryland. A veces una de las hijas de Horton viene con él para ver por sí misma el grupo de apoyo al que asisten sus padres.

Kitty es la tercera hija de Horton que ha venido. Tiene el mismo comportamiento que su padre en los grupos y, sin duda, es la persona que lidera las reuniones en las que participa. Tampoco le amedrenta estar en presencia de personas mayores. Pensar en el pie de su madre pisando el acelerador de un Oldsmobile de cuatro puertas le asusta. «Me aterroriza», dice. Ya han hablado de este tema en su casa y se dirige a nosotros como otra forma de hablar a su padre. Puede que haya venido a encontrar aliados.

—Mamá conduce bien, pero nunca fue una gran conductora. Ahora sus reflejos son más lentos. Me preocupa qué puede pasarle en un cruce donde haya mucho movimiento; ¿a ti no, papá?

Horton no está acostumbrado a las críticas que vienen de abajo. En casa simplemente diría: «No voy a quitarle el coche a tu madre hasta que esté preparada» y seguiría leyendo el periódico. Aquí, en cambio, debe defenderse públicamente. Su mandíbula y sus ojos dejan de apoyar la sonrisa de ejecutivo que se había dibujado en su cara.

—A Marie le gusta conducir. Le transmite la sensación de que aún controla una parte importante de su vida. Cuando no está segura de poder hacerlo, sea por el tiempo que hace o porque se trata de un trayecto muy largo, ella misma sugiere que conduzca otro. Sólo lleva el coche un par de manzanas hasta el mercado y otro par hasta la iglesia. Y conduce con mucho cuidado.

—Sólo hace falta un segundo de despiste y puede pasar algo que ya nunca puedes corregir —dice Kitty.

Horton no cree que ese argumento sea válido.

—Eso puede pasarle a cualquiera. No vamos a privar a tu madre del placer de conducir mientras aún pueda disfrutarlo.

Éste es el momento en que las hijas deben callarse, pero los demás podemos ofrecer una segunda opinión. Dan ha recuperado su compostura y pregunta con cordialidad: «Entonces, ¿es que vas a esperar a que tenga un accidente?».

Aunque no nos conocemos, compartimos el hecho de convivir con el Alzheimer y eso hace que nos sintamos cercanos a los otros miembros del grupo. Aquí es diferente que cuando un amigo te pregunta cómo van las cosas y espera una respuesta no mucho más larga que cuando te dice: «Hola, ¿qué tal?».

«Te agradezco que me lo hayas preguntado» no es una respuesta correcta para los amigos. No debemos aprovecharnos de las preguntas de cortesía. La situación es algo incómoda, como las primeras palabras que se dirigen a la familia del difunto. Un hecho del Alzheimer es que las cosas nunca están mejor que ayer, y la preocupación del amigo ya se demuestra en el mero hecho de preguntar. «Voy tirando» es una buena respuesta.

No sé si realmente necesitas saber o si realmente quiero contarte lo siguiente. Stella arrancó las cortinas del dormitorio de sus corchetes. Seguro que se extrañó cuando la primera siguió cayendo hasta que quedó en el suelo a su alrededor. Entonces Stella fue a la siguiente ventana, sintiendo que algo iba mal pero queriendo llegar al final del proceso. No llamó pidiendo ayuda. Recuerdo que pensé

98

que se comportaba de forma extraña cuando salió del dormitorio, como si tuviera algo que decir pero no encontrase las palabras.

Acababan de obligar a Stella a abandonar su primera medicación y estábamos esperando a que su hígado se limpiara antes de apuntarnos a la prueba clínica. Su declive parecía estar acelerándose. Stella entraba en la sala de estar y simplemente se quedaba allí de pie, con una mirada que yo sabía que quería decir que no sabía qué tenía que hacer en ese momento.

—Stell, ¿te puedo ayudar en algo?

No era la mejor pregunta. Yo había comenzado a comprender que el hecho de escoger es algo que no se le da bien a un enfermo de Alzheimer, y menos si las opciones son abstractas. Puede escoger entre una manzana asada y una tarta de chocolate cuando está sentada en la mesa e incluso puede escoger entre las palabras que las representan. Pero tener que escoger entre opciones no definidas, en el mundo de infinitas posibilidades que abre la pregunta «¿te puedo ayudar *en algo*?», sin ni siquiera las múltiples opciones que ofrece un test, era demasiado.

Cada enfermo de Alzheimer es un caso aparte en lo que respecta a la pérdida de facultades, pero la dificultad a la hora de escoger es uno de los síntomas más comunes. Y si ella te dice «No», puede que quiera decir «Sí». Y si dice «Sí» puede que simplemente esté dando a entender que reconoce lo que le estás preguntando, pero no esté expresando ninguna preferencia. Si dice «Sí» y no continúa diciéndome lo que quiere que yo haga, es muy posible que haya olvidado lo que quiere. La pregunta abierta sólo delimita que estamos en el modo de preguntas y respuestas. Es una especie de «¿estás lista? Aquí viene la pregunta».

—¿Querrías un vaso de zumo de naranja?

—Sí, me apetece —dijo ella.

Luego me preguntó si podía sentarse en esa silla, que es en la que siempre se sienta, mirando hacia la televisión. Que mi mujer, con la que he celebrado más de cincuenta aniversarios, me pregunte humildemente dónde puede sentarse puede pareceros trivial, pero a mí no me lo pareció. Odio la idea de que un ser humano, tras llegar a un estado suficiente de madurez, se sienta obligado a pedir el permiso de otro para sentarse en una determinada silla en su propia casa. Odio la idea de que cualquier persona —yo incluido— crea tener el privilegio de tomar esas decisiones. ¿Puede mi esposa sentarse en su propia silla, en su propia casa? Durante nuestro matrimonio hemos tenido diferencias de opinión sobre muchos asuntos, pero las decisiones nunca han sido impuestas unilateralmente ni han sido producto de gritos o de síes o noes sin justificación. Y, aun así, me estaba pidiendo permiso. Intenté que viera que la decisión era sólo suya: «Es tu casa, puedes sentarte donde quieras».

Puede que en realidad no hubiera querido pedir permiso. Puede que se tratase sólo de que, en ese momento, en el marco complejo de ideas y emociones en que se estaba moviendo, las múltiples opciones de sillas y sofás disponibles la tuvieran desconcertada. Necesitaba un guía.

—¿Por qué no te sientas aquí? —señalé hacia la silla. El gesto siempre ayuda.

Se sentó y le traje el zumo de naranja. Mientras preparaba el zumo intenté ver si había algo en el dormitorio que explicara lo desconcertada que estaba cuando salió de allí. Efectivamente, el dormitorio era como un mar de cortinas. Estaban echadas sobre las camas y la mesita de noche y tiradas por el suelo.

Mis compañeros del grupo de apoyo me entendieron cuando les conté que entonces me comporté como un idiota. Volví al comedor gritando, exigiendo saber qué pensaba que estaba haciendo y ordenándole que dejase en paz las cortinas y nunca más volviera a tocarlas. Me crecí tiránicamente ante su mirada atónita y su incapacidad de articular una respuesta. Furioso, le comencé a explicar cómo funcionaban las cortinas y qué tenía que hacer si se atascaban y todo eso. Incluso mientras hablaba, me daba cuenta de que me estaba comportando de forma estúpida, monstruosa y primitiva. La obligación de escoger ya la había puesto en apuros. Al añadir ruido, hablar deprisa y mostrar mi enfado sin cortapisas la confundí del todo. No comprendía qué se esperaba de ella y no sabía cómo eludir mi bronca. Su expresión se desintegró, pasó del desconcierto al pánico y yo traté de reducir la tensión sin abandonar mi derecho racional a estar enfadado. Al final, por primera vez en los muchos años que la conocía, se puso a llorar. La rodeé con mis brazos y lo conseguimos arreglar.

Podía explicarle esta escena a los otros cuidadores. Todos habían actuado también alguna vez como idiotas y se habían sentido avergonzados. Todos sabían a través de los libros que un enfermo de Alzheimer simplemente no sabe cómo han pasado las cosas, pues ha perdido el concepto de la relación causa-efecto para cientos de actos cotidianos. También todos habían gritado, empleando el poder coercitivo del ruido porque es una de las maneras en que educamos a nuestros hijos para que sepan lo que no se debe hacer. El hábito de explicar, nuestro convencimiento de que la educación se lleva a cabo mediante la conversación, el ejemplo y el grito, e incluso el mismo concepto de educar a la otra persona tienen que eliminarse completamente de la cabeza y de los hábitos del cuidador.

Uno de los aspectos esenciales del Alzheimer, junto a la pérdida de memoria reciente, es que el enfermo ya no puede aprender. Según mi experiencia, esta afirmación no es completamente cierta, pero sí lo suficiente como para convertirse en una regla de conducta: nunca le des a un enfermo de Alzheimer instrucciones sobre cómo debe hacer algo y tengas la más mínima esperanza de que recuerde que eso debe hacerse de esa manera. Casi con absoluta seguridad, olvidará las instrucciones inmediatamente. Si ya no existe la posibilidad de aprender, ¿volverán a ir al suelo las cortinas? Puede, pero es poco probable que vuelvan a darse todas las circunstancias que llevaron a esa calamidad: estar sola, las cortinas al alcance la mano, la ausencia del concepto de para qué sirve una cortina, de cómo se controla o de la percepción de que ella es la encargada de hacerlo.

El cuidador hace su trabajo poniendo los muebles en su sitio y repitiendo, en el momento adecuado de cada tarde, que él se encarga de las cortinas. Este mantra puede o no funcionar. Si las cortinas vuelven a acabar en el suelo, el cuidador se encogerá de hombros y pensará en ello como en otra de esas cosas que pasan. No estará reprimiendo su ira, sino que, con el tiempo, se habrá liberado de la ira.

Muchos actos extraños, como el altercado con las cortinas, nunca se repiten. Una vez Stella estaba absolutamente confundida sobre cómo acceder al asiento del acompañante en un coche. Después de dudar mucho sobre cómo comenzar, entró cruzando su pierna derecha sobre la izquierda. Su pie derecho se asentó en el espacio situado frente al asiento, forzándola a entrar de espaldas. Tuve que ayudarla a salir del enredo. Desde entonces, muchas veces duda entre la pierna izquierda y la derecha al entrar al coche, pero siempre acaba decidiendo correctamente que tiene que entrar con la pierna izquierda primero.

Un último giro del asunto de las persianas: pasaron muchos días antes de que volviera a grapar las cortinas a los pasadores y me subiera a una silla a colgar la primera. No encajaba. El pasador de madera se había encogido misteriosamente. Cualquiera que haya colgado alguna vez una cortina conoce este fenómeno. El pasador era tres milímetros más corto y no encajaba en los corchetes en los que había estado encajado durante diez años. La cabeza del pasador y la lengüeta del aparato con el muelle simplemente descansaban en los corchetes.

Un mero estirón lateral desmontaría todo el encaje.

Probé los demás pasadores. Las fijaciones eran un poco más firmes, pero sólo un poco. Un tirón un poco descentrado haría que cayesen. Así pues, Stella había tenido muy poca culpa del desastre. Quizá solamente se le pudiera achacar el hecho de haber seguido accionando cortina tras cortina.

Consumido por la culpa, me fui hacia ella y le pedí perdón. Le expliqué lo sucedido. No tenía la más mínima idea de qué le estaba hablando. Sabía qué eran las cortinas y tenía un vago recuerdo de que se habían caído al suelo o de que estaban en el suelo, o quizá simplemente me dijo que recordaba algo para complacerme. Pero esencialmente, todo el episodio había desaparecido de su memoria.

Al principio sólo había perdido nombres y recuerdos del pasado lejano. La pérdida de memoria reciente contra la que tanto nos habían prevenido comenzó pronto. Después vinieron los recuerdos sobre cómo construir frases, la secuencia de los días, cómo poner un pie ante el otro, la capacidad cognitiva... Todo se derrumbaba como en las películas de ríos que se desbordan, rompiendo las presas, arrasándolas, inundando las tierras bajas excepto algunos montículos aquí y allí, y con el agua subiendo inexorablemente hacia la que una vez fue una casa segura.

No puedo contar la anécdota de las cortinas a mis amigos. También son amigos de Stella y puede quedarles la vaga sensación de que la estoy maltratando. Tampoco es correcto que descubra episodios de los que Stella no puede dar su propia versión. Eso me distancia de Stella, como si estuviera retirando parte del capital que invertí en su persona. En lugar de proteger sus incapacidades, las estoy exponiendo, violando la privacidad que conlleva el matrimonio.

Lo que no puedo contar a los amigos que conozco muy bien puedo contárselo a mis compañeros del grupo de Alzheimer, gente que no conozco fuera de la sala en que nos reunimos. Aunque sea la primera vez que estos conocidos casuales oyen hablar de cortinas viniéndose abajo, todos han vivido algo parecido: una lámpara que acaba en la basura, un tetrabrik vacío de leche puesto en el horno o cualquier tipo de resultados que no tenía nada que ver con las intenciones.

Todos los compañeros saben que las elecciones deben limitarse a esto o aquello y que quizás incluso eso causa un cortocircuito en el sistema, el fusible salta y se apaga la luz. Conocen la dependencia y la docilidad y su opuesto: la resistencia irracional y la rabia del núcleo humano que aún siente y que trata de manifestarse ante la sombra desconocida.

Todos traemos al grupo de apoyo nuestras notas a pie de página sobre desastres. A veces solicitamos la guía de alguien que ha pasado por ello antes, a veces ofrecemos esa guía y otras veces, simplemente, compartimos frustraciones. Entienden la dependencia, que

Stella pida permiso para sentarse en una silla en su propia casa, y también entienden la otra cara de la dependencia: el conflicto con el sentido común, la afirmación de la persona con cualquier herramienta que tenga a mano. Dorothy dice que a menudo Ray se niega a quitarse las gafas antes de entrar en la ducha. Entonces Dorothy aguarda unos segundos, le distrae con cualquier cosa (aquí está tu toallita) y, cuando vuelve a sacar el tema de las gafas, él se las deja quitar sin poner ninguna objeción.

Les conté que, dos días después del asunto de las cortinas, Stella había olvidado todo lo sucedido. El olvido, a veces, puede ser una bendición.

—Mi esposa me hubiera echado a mí la culpa de tirar las cortinas. Después hubiera dicho a todo el mundo que yo las tiré y que le eché la culpa a ella. Nunca dejaría de repetírmelo —me dijo Dan.

Cada caso de Alzheimer es diferente.

Antes de que yo entrase en él, al grupo asistía un padre cuidador de su hija de poco más de cuarenta años, uno de los casos de Alzheimer más joven que cualquiera de los que estábamos allí conocía. Yo no conocí personalmente a esta pareja, sino sólo a través de lo que los demás explicaban de ellos. No puedo ni siquiera imaginar a una hija con Alzheimer. Literalmente, no puedo ni imaginarlo. Como al contar hacia atrás desde mil para conciliar el sueño, mi mente no puede concebir estar por allí para dar a una hija, cucharada a cucharada, el cereal del desayuno o desatascar su cabeza de la manga de un suéter o esperar cerca mientras va al lavabo (por una docena de razones, alguna de las cuales puede que nunca se os hubieran ocurrido: ¿desenrollará todo el papel higiénico cuando ella sólo quería cortar unas hojas? ¿Se acordará de bajarse las bragas antes de sentarse?). No suelo rezar, pero, cuando oí el caso de esta hija, murmuré: «Dios de Job, guarda esta plaga para los viejos».

No puedo explicar por qué defiendo a ultranza mi derecho a ser el cuidador de Stella, pero no podría hacerme cargo de mi hija si estuviera en el lugar de su madre. André Dubus escribió un cuento sobre una mujer joven que atropella a un hombre en una autopista y abandona el lugar más por perplejidad que con intención criminal. Va a casa de su padre a buscar consuelo y refugio. Su padre se ve enfrentado al problema del deber: ¿debe convencerla para que se entregue? ¿Debería entregarse él en su lugar? Al final se absuelve a sí mismo de cualquier obligación, razonando que el Señor permitió que su hijo fuera crucificado, pero era impensable que se hubiera mantenido al margen si le hubiera sucedido lo mismo a su hija. El relato de Dubus ilumina la peculiar relación entre padres e hijas. Yo podría cuidar a mi hijo como estoy haciéndolo con su madre.

Un día, Ina escuchaba el improductivo enfrentamiento que se estaba produciendo entre Dan y Horton. Amplió la pregunta: «¿Cuántos de vuestros cónyuges conducen todavía?».

Dorothy, nueva en el grupo y más joven que los demás, hizo una tímida señal, como si estuviéramos en una subasta en Nueva York. Tiene un cuello largo y tieso y el pelo le enmarca la cara con una caída como de reina egipcia. Muestra una cicatriz en su labio superior, probablemente consecuencia de una operación durante la infancia para corregir un labio leporino. Es de naturaleza observadora, no porque las reinas no hablen primero, sino porque, cuando no hace mucho que has pasado los cuarenta y vives metida en un problema de inimaginable complejidad y duración, siempre palpas las cosas antes de agarrarlas. Se casaron cuando ella tenía dieciocho y él treinta y dos. Comparado con los chicos que ella conocía, él debió de parecerle una persona sólida y madura. Al final de nuestras reuniones, cuando la puerta de la habitación se abre y salen nuestros cónyuges, vemos que el hombre bronceado y con ojos amables que se mueve con lentitud es el esposo de Dorothy. Es poco común que un hombre de cincuenta y pico años tenga Alzheimer. Siempre espera el último para cruzar la puerta. Puede que sea cortesía o tal vez que sea el más lento en encontrar el propósito y la dirección.

La presencia de la hija de Horton, más de su edad que cualquiera de nosotros, tal vez animó a Dorothy a responder sin haberle preguntado directamente.

—Ray conduce. Aún está en las primeras fases.

Todos nuestros cónyuges están en «las primeras fases». Ninguno de nosotros conoce el Alzheimer «avanzado», «intermedio» o «profundo», excepto a través de los libros o cuando lo vemos en su fase terminal en las residencias. Ningún doctor avisa cuando hemos cruzado un umbral y ya estamos all; simplemente dejan de hablar de «las primeras fases». Después del primer diagnóstico de «primeras fases» o «fase I», el Alzheimer es lo que es.

Los síntomas de cada uno de los pacientes leves, el ritmo de cambio, las clases de incapacidad y las secuencias aleatorias en las que se manifiestan difieren tanto de un paciente a otro que cuesta creer que, en efecto, se trata de una misma enfermedad. Aunque todos los síntomas pueden llevar a un final idéntico, el orden, la intensidad o el número de años en que la enfermedad se desarrolla son completamente imprevisibles. El *Merck* dice: «No se pueden predecir fases o patrones [...] pero el declive cognitivo es inevitable». Conozco a enfermos de Alzheimer a los que les fue diagnosticado hace ocho años y aún conducen. Stella estaba todavía dentro del primer año cuando tuvo que darme las llaves. La vida es injusta. Ina gira el debate hacia mí: «¿Cómo conseguiste que Stella lo dejara?».

Mucha gente de la ciudad estaba, en mi opinión, mucho menos capacitada que Stella para conducir. Salían de sus garajes con los brazos tiesos en el volante, sin mirar ni a izquierda ni a derecha y circulaban a diez kilómetros por hora menos de la velocidad permitida, girando para evitar a los pájaros como si fueran volcanes en erupción y apareciendo en los cruces como si fueran locomotoras sin conductor que habían perdido los frenos y que partían de su jardín a piñón fijo hasta que llegaban a la oficina de correos, donde ocupaban dos plazas de parking como si su vehículo fuera una enorme caravana o un coche de lujo con alerones muy delicados. Comparada con ellos, Stella podría haber enseñado educación vial, pero sólo comparada con ellos.

Ya no me dedicaba a ensayar maniobras para salvarle la vida desde el asiento del pasajero. Ahora conducía yo. Siempre encontraba motivos para ir yo al mercado o a la lavandería y así ahorrarle los viajes. En las pocas ocasiones en que conducía sola, me ponía nerviosísimo hasta que ella estaba de vuelta en casa. Pero Stella tenía un permiso de conducir. Comencé a pensar en posibles maneras de hacer que lo perdiera. Podría pedirle al doctor Loughrand que le dijera que lo dejase. Podría hablar con el jefe de policía para que le dijera que una lista al azar de conductores de cierta edad estaba siendo llamada para pasar una revisión, nada personal, y, ¡sorpresa, sorpresa!, decidirían que debían retirarle el carnet. Podría intentarlo también con el departamento de tráfico o la compañía de seguros. Sabiendo lo que yo sabía, seguro que la querían fuera de la carretera. De hecho, querían a un montón de gente fuera de la carretera, pero debían manejar el tema con cautela, pues, como política general, ésa era imposible aplicarla en una circunscripción formada principalmente por gente mayor y sus familiares, que pensaban que conducían suficientemente bien, considerando cómo conducían los demás.

Pero sucedió de una manera que no podía haber imaginado. Cuando estaba saliendo del parking después de comprar...

(¡Comprar! Un año atrás Stella aún conducía hasta el mercado, comprando sola, firmando cheques, contando el cambio, planeando las comidas y encargándose de la cocina. Medio año después había perdido todas estas habilidades y muchas más: no podía meter las dos piernas y los dos brazos en los agujeros correctos de la ropa interior, las mangas o los pantalones. A veces se convertía en un tremendo lío de ropa del revés, con la parte de atrás adelante y la de arriba abajo, y había que volver a empezar desde el principio. ¡Todo eso había perdido! Pero aun así, tras un año aún quedaban intactas muchas islas de inteligencia. Preguntaba por los noticiarios de la tarde y por los debates de los domingos por la mañana. Preguntaba por una casete de Villa-Lobos. Conocía bien a la familia y a los amigos íntimos —todavía los reconoce— y aún se atrevía a caminar por un suelo irregular hasta las zonas donde tenía sus más preciados tesoros de jardinería: un parterre de orquídeas o el toque de color de las azaleas entre los abetos. Entendía pronto los chistes, y aún lo hace, bastante bien. ¿Se supone que tenemos que ser capaces de dominar un lenguaje en el que se habla de humor *de perros* y de memoria *de elefante*? No hace falta que sean chistes muy buenos. Antes tenían que ser mejores.)

Como decía, salió del parking después de comprar y giró a la derecha en lugar de a la izquierda, a dos millas de casa, y siguió adelante por el camino equivocado, atravesando otras ciudades, pasando a veces por carreteras que le eran familiares pero en las cuales encontraba que los elementos de referencia estaban en lugares equivocados. No se perdió solamente media milla, como la vez anterior, sino que estuvo perdida durante dos horas mientras la policía, la guardia nacional y yo mismo la buscábamos. La encontré pasando frente a una oficina de correos, yendo hacia casa pero por el camino equivocado. Había pasado a sólo unos cientos de metros de casas de amigos y también por multitud de tiendas con teléfonos desde los que podría haber llamado. Había conducido dibujando un gran círculo (casi entero, menos la última milla que le hubiera faltado para volver al mercado), comenzando en la orilla norte y regresando desde el sur. Perpleja, pero sin perder la compostura, hubiera continuado hasta que se le hubiera acabado la gasolina.

—No sé lo que hice. Me perdí y no podía encontrar la manera de volver. Creo que no debería volver a conducir.

No tuvo que decírmelo dos veces. Devolví su permiso y di su coche a una buena causa. Cada vez que tiene que ir a un determinado lugar, o la llevo yo o me aseguro de que alguien lo haga. Sólo una vez ha mencionado que le gustaría volver a conducir. La escuché y pasamos a otros temas. Ya no es grosero no continuar una conversación que ella comienza. Es mejor esperar a que vuelva a preguntarlo y, si no insiste, dejarlo correr. En esta ocasión se le fue de la cabeza.

—Tú lo tuviste fácil —dijo Dan. Y tras escuchar los problemas que tuvieron los otros con este tema, creo que tenía razón.

Horton apuntó otra cosa: «No sólo es el daño que pueda causarse a sí misma. ¿Qué hay del riesgo para los otros?».

—Nunca te perdonarías algo así —le dijo su hija—. Su doctor dice que ya sería hora de que mamá devolviese el carnet de conducir.

—Sólo dijo que debíamos pensar en ello —dijo Horton—. Aún es prematuro. Lo decidiremos sobre la marcha. Si llega el momento, no creo que sea difícil convencer a mamá.

—Quizá se deba pensar en el seguro —apuntó Ina—. Si hay un accidente y la compañía de seguros averigua que su doctor dijo que no debería conducir, puede que no quieran cubrir los daños.

—Nadie es lo bastante rico como para pagar los daños de un accidente que no cubre el seguro —dijo Dan—. Podrían ser millones de dólares. Si se trata de un bebé con toda su vida aún por delante, podrían ser muchos millones.

—Soy consciente de ello —dijo Horton.

Como a Kitty, estaba empezando a asustarle la situación. Si lo que había captado su atención había sido la imagen de una bomba de relojería acercándose a un cruce del centro de la ciudad o la de un jurado concediendo una indemnización multimillonaria, nadie puede decirlo.

Boudreau hizo una pregunta relativa a su propia situación: «¿Y qué hay si nada más volver a casa después de que la hayas llevado a alguna parte te pide volver a salir? Siempre moviéndose. ¿Cuál es la estrategia entonces?».

—A veces —contestó Ina—, tienes que decir: «Por supuesto, en una horita vamos para allí». Retrásalo. Intenta que no se prolongue la discusión. Cambia de tema, si es posible ponte a hablar de algo que le interese a ella. Pregúntale si le apetece una Coca-Cola o si hay algo en la televisión que le gustaría ver. Compórtate como si el tema del coche estuviera muerto por ahora y pasa a otra cosa. Como último recurso siempre puedes decir que tienes que ir al lavabo.

Yo dije que, según mi experiencia, ella se olvidaría de todo en unos minutos.

Boudreau, según su experiencia, me contestó: «Eso crees tú».

Cada historia de Alzheimer es diferente.

Se llamaban entre ellos Boudreau y señora. La señora estaba ingresada en Penneman Pond, una casa de los años veinte que hubiera acabado siendo un seminario católico o una casa de retiro corporativa si no se hubiera convertido en una residencia y clínica para la tercera edad. Boudreau vivía cerca. Una mañana estábamos hablando sobre los costes de la enfermedad en nuestro grupo del Alzheimer y Boudreau nos dio las cifras que había conseguido sacar. Le costaba cincuenta mil dólares al año mantener a su señora en Penneman. Si, como ahora se había acostumbrado a esperar, él mismo caía un día enfermo de Alzheimer, el coste se duplicaría. Para ambos, la habitación en Penneman, las enfermeras y los servicios de limpieza y los programas de recuperación sumarían más de cien mil dólares al año y ése era un precio que subía año tras año, no tan deprisa como las matrículas universitarias, pero sí muy rápido. Cien mil dólares eran los intereses que producía un millón y medio en bonos del Estado, si es que tenías la suerte de tenerlo. Además necesitabas un poco más para cubrir lujos como cortes de pelo o el mantenimiento del Plymouth de hace ocho años registrado a nombre de un sobrino y aparcado en el garaje de la residencia. Boudreau era un hombre encantador que hablaba como si no tuviera secretos. Te contestaba cualquier cosa que le preguntases y muchas que ni siquiera le preguntabas. Parecía no tener nada que ocultar ni apariencias que mantener.

—Si quieres mantener el capital inicial intacto, necesitas otros dos o trescientos mil dólares para generar los ingresos suficientes con los que pagar los impuestos federales —dijo Horton como recordándoselo a un empleado nuevo que no había hecho los deberes—. Si tienes ingresos, debes pagar impuestos.

Dan, que había hecho los deberes y trataba de apartar la idea del insomnio hablando, dijo: «Y necesitas otro extra para el impuesto sobre el capital extra que te generan los ingresos para pagar el impuesto y un poco más para pagar el impuesto sobre ese otro capital extra. Yo paré de hacer números. De todas formas no lo pago. Medicaid lo paga. O bien tienes un millón o dos, o bien eres lo suficientemente pobre como para poder acomodarte a los requisitos de Medicaid. Si estás entre esos dos extremos, el coste del tratamiento se comerá los ahorros que tenías guardados para pagar la universidad de tus nietos».

Un abogado puede explicarte cómo disponer de tus bienes y mantenerlos al mismo tiempo. Puede que no te lo diga directamente, puede que no toque el tema si no es con un palo, como si fuera un animal atropellado, pero puedes comprender lo que está haciendo. Una tercera opción es apartar suficiente dinero como para pagar las facturas de la residencia durante unos meses hasta que se te acabe el dinero, que es lo que Boudreau había hecho con su señora. Si tenías una habitación, Medicaid te la mantenía. Si no la tenías de antemano, podía ser complicado encontrar una a través de Medicaid.

—El gobierno no te hará ni caso hasta que se acabe el dinero.

La señora ya no reconocía a Boudreau como su marido. Pensaba que era el primo de su marido o el chófer. No quería que estuviera en su habitación. Durante el día se paseaba por Penneman, hablando sola o con cualquiera que quisiera escucharla, diciendo que ese hombre estaba de nuevo en su habitación. Le dijo a la enfermera jefe que Boudreau no cumplía las órdenes que le daba y que despediría a ese hijo de perra, pero que había una ley que prohibía despedir a la gente.

Cuando la veíamos en el vestíbulo, la señora tenía una mirada enfadada y cansada, como si hubiera dormido poco. Cuando Boudreau se le acercaba, ella miraba a través de él. Si él intentaba guiarla, ella le rechazaba: él era un mendigo al que había rechazado y del que no quería saber nada más.

Boudreau contaba todo esto de vez en cuando esbozando una sonrisa irónica. Así es como iban las cosas. Dependía sólo de Dios.

Tiene que haber sido tremendamente duro recorrer todo el camino, cumplir con todas sus obligaciones y no ser amado en absoluto, no ser ni siquiera tolerado ni recordado como un hombre al que una vez se amó. Peor aún: quizá nunca fue amado y eso era todo lo que la señora recordaba, sin acordarse de si alguna vez había fingido

111

otra cosa. Quizá Boudreau lo sabía, y entonces su conducta sería aún más heroica. Supongo que si yo hubiera sido lo suficientemente insensible como para preguntarle, quizá me hubiera contestado: «Sí, supongo que así es».

Pero quizá la respuesta hubiera sido: «Hubo una vez en que nos amamos como nunca nadie se ha amado».

En mi opinión, el orden de la vida de Boudreau simplemente se había invertido. En lugar de que la redención llegase tarde, había venido pronto y tenía que durar. Seguro que a Boudreau le parecía que muchos lo habían tenido peor.

Le pregunté a Ina si conocía a otros santos como Boudreau.

—Algunos. Pero también conozco a otra clase de tipos.

Me habló de un hombre que conocía el Alzheimer y que dedujo que su mujer lo tenía antes de que ella lo supiera. Le contó a su esposa una historia habitual. Le dijo que sentía que se le escapaba su vida y que quería empezar de nuevo solo. Añadió que, si ella lo meditaba bien, vería que también era bueno para ella, que, aunque su primera reacción fuera enfadarse, debería pensar en ello. Él quería ser justo. Le dejaría la casa y tanto dinero como pudiera permitirse. Ella debía ver como un favor que él fuera quien había llevado la iniciativa mientras ella no había tenido que hacer nada. Ella, a su vez, también tendría la oportunidad de volver a empezar. Seguro que había algo mejor que vivir la vida que llevaban en un matrimonio que se había estancado.

—Ya me imagino lo que ella dijo —adiviné yo.

—Correcto. Le dijo que era un hijo de puta, lo mismo que le dice la señora a Boudreau. Al cabo de un año le diagnosticaron Alzheimer. Su hijo la estuvo cuidando durante muchos años hasta que la ingresaron en una residencia médica. Su marido se fue a vivir a la Costa Oeste y nunca la volvió a ver.

En el lado de la pared en el que estaban los cónyuges, Lenore lanzó una pregunta para hacer que la conversación continuase: «¿Hay alguien aquí que tome cacao en el desayuno? ¿Qué tomas tú, Marie? ¿Cacao? ¿Café? ¿Té? Desde aquí podemos seguir hacia lo que les gusta comer, lo que no les gusta, qué comían cuando eran pequeñas, si la sopa es mejor en un tazón o en un plato, si ven la televisión mientras comen, qué hace el cuidador mientras comen, si les gusta que el cuidador les corte la comida en trozos masticables, si les gustan las cucharas grandes o prefieren las de café…».

Lenore traía las noticias cada día: «¿Vio alguien por televisión cómo distribuían arroz en Somalia?». A partir de ahí la conversación se volvía solemne: «A veces no me siento querida en mi propia casa». La moderadora repetía que nada de lo que se dijese allí saldría de esa habitación. Era un compromiso que ella misma contraía porque quería que ése fuera un lugar donde pudieran sacar todo lo que llevaban dentro sin una hija, un marido o un doctor mirándolas por encima del hombro.

En la práctica, sin embargo, la teoría de Lenore no funcionaba al cien por cien. Podían olvidarse del compromiso. Stella me contó lo que me contaría habitualmente después de una visita a cualquier otra parte, a pesar de que lo más posible es que también se olvidara de qué era lo que no me debía comentar.

Aún le molestaban los compañeros que no socializaban de la manera habitual. Siempre se había mostrado solidaria con aquellos que sufrían cualquier tipo de desgracia y ahora se volvía intolerante ante los que estaban obviamente deprimidos o tristes, como si los nervios que controlaban su empatía estuvieran deteriorándose al mismo tiempo que los de su memoria.

—Lo viven todo de forma muy negativa —me dijo—. Yo nunca me siento… —y acabó la frase con un gesto que quería significar «de esa manera».

No sé cómo podía suceder que no viera en los demás nada de sí misma excepto la edad o cómo durante las silenciosas horas de duermevela no caía presa de momentos de desolación, pero yo la conocía tanto como una persona puede conocer a otra y estoy seguro de que cualquier malhumor que pudiera tener no le duraría más de unos instantes.

Estábamos en el vestíbulo tras acabar nuestra hora, esperando que se abriera la puerta de nuestros cónyuges. Uno de nosotros dijo que Ina se merecía un mes en el mejor hotel costero de Cape Cod. La imposibilidad de tomarse un mes libre la divirtió. Su iglesia tenía mujeres que ofrecían sus servicios para que el cuidador se tomase un respiro. El respiro era una tarde o un fin de semana. Pero ¿un mes?

Ina sonrió con generosidad: «Claro, dejadme una VISA vieja que no estéis usando».

La puerta de la habitación de los cónyuges se abrió: el grupo que salió no se diferenciaba mucho de cualquier grupo de mujeres saliendo del autobús en una excursión de ancianos a un museo. Stella parecía muy cansada. Le cogí la mano y le pregunté cómo le había ido la reunión, mientras Lenore se llevaba a Ina aparte y le comentaba algo. En un instante, Ina me hizo una señal.

—Lenore piensa que sería buena idea que buscases una institución para el cuidado diurno de Stella. Me han hablado muy bien de las instalaciones de la Village Residence. ¿Qué te parece?

Así supe que Stella estaba más allá de la fase I.

5

El derecho a saber

Cogí la agenda de teléfonos y direcciones, cuyas páginas se soltaron en cascada ante mí de la A a la Z (¡oh, no!): cientos de páginas de nombres, números de teléfonos, direcciones, algunas de ellas de antes de que se inventara el *Tipp-Ex*, mezcladas en el suelo. Allí estaban los niños, a los que seguimos el rastro desde el dormitorio de estudiantes hasta su apartamento y luego a su casa; allí estaban también amigos de antes con los datos de sus casas de verano (¡alto, esto ya no es tan grave!) y luego de sus asilos en Arizona y California, algunos tachados, fallecidos, cambios escritos con un lápiz que había a mano en lugar del bolígrafo que buscábamos. Era como el lóbulo de la memoria de nuestro cerebro, un tesoro que no se puede asegurar y que tal vez cogimos a la carrera mientras se incendiaba nuestra anterior casa, un tesoro que siempre nos acompañaba en nuestras vacaciones *(¡oh, no!)*.

Como la abrí al borde de la mesa, todo su contenido se cayó al suelo. Las páginas se soltaron de las doce anillas, mezclándose con el montón de tarjetas de visita, direcciones de remite de paquetes, recibos y sellos que había entre sus hojas. Un caos, pero como aún no habíamos metido toda esa información en el ordenador, era recuperable.

Me agaché al momento, raudo al rescate, como si la velocidad tuviera alguna importancia ahora que el desastre ya se había producido. Respira hondo. Fúmate un cigarrillo. Sírvete una bebida mientras murmuras maldiciones contra el universo. ¿Cómo había podido pasar? Me di cuenta de que Stella, que estaba sentada tan cerca del estropicio como lo estaba yo, ni estaba sorprendida ni se daba por aludida. Después de contemplar el chaparrón de papeles a mi alrededor, sólo había girado una página de la revista que estaba leyendo. Eso me transmitía complicidad, anticipación de lo que ahora ocurriría.

—¿Qué ha pasado aquí?

—Se te ha caído la agenda.

—No. Se han salido las páginas. ¿Por qué estaban sueltas?

—No lo sé.

—¿Habías sacado páginas por algo?

—Creo que algunas páginas se habían soltado.

Creo, una especulación sin conocimiento de los hechos. Páginas «que se habían soltado», un fenómeno natural con el que ella no tenía relación. Todo ese desorden en que habían quedado las hojas no se podía haber producido en su camino al suelo. El alfabeto estaba mezclado. Había páginas arrancadas de las anillas. Algunas estaban del revés o vueltas de arriba abajo. No podía reconstruir completamente lo que había pasado, pero más o menos me lo imaginaba. Stella debía de haber visto un nombre en una página que había relacionado con otro nombre en otra parte. Debía de haber arrancado una de las páginas para ponerlos juntos, pero aun así debió notar que algo no funcionaba. Debió de arrancar más páginas para intentar que todo le encajase. No creo que Stella supiera que se pueden abrir las anillas apretando la lengüeta que hay al final de la fila. Ella no debía de imaginar que la tecnología hubiera avanzado desde las carpetas de tres anillas que utilizaba en la escuela. Ella era una artista, una músico, una amante, una madre que se había visto obligada por las circunstancias a dominar cómo se arrancaba el coche, cómo se conducía, qué quería decir el indicador de gasolina y cómo se iba a algún sitio y se volvía luego a casa. La batidora, por ejemplo, con todos sus inteligentes complementos, estaba guardada dentro de su caja en una esquina del mostrador de la cocina después de haber sido usada sólo una vez.

El reto de abrir las anillas lo suficiente para introducir una página extra en la «S» sin que toda la sección y algunas de las «R» se fueran al suelo como galgos escapándose por una puerta rota ya hubiera desbordado su paciencia y su destreza. Pero no había nadie más en casa. Tenía que haberlo hecho ella. Las vigorosas manos de una violoncelista tuvieron que estirar de las anillas hasta forzarlas a abrirse y hacer que todo quedara suelto.

Entonces su problema había dejado de ser cambiar una página de sitio para convertirse en un desastre que había que poner en orden. Debía de haber reunido todas las páginas y juntarlas de modo que las esquinas coincidiesen para meterlas luego entre las cubiertas de la carpeta, eso sí, sin encajar las cien páginas en los doce dedos metálicos de las anillas y sin ordenarlas, dejando algunas del revés, otras arriba o abajo, las «k» entre las «f», las «g» entre las «m». Luego cerró el libro y las anillas no atraparon ni una sola de las hojas. Stella debió de volver a la ignorancia de un niño que había metido la mano en la caja de galletas. O incluso puede que a esas alturas ya hubiera olvidado quién había metido la mano. Puede que hubiera pasado tan atrás en el tiempo como para volver a ayer. Lo más probable era que, incluso si se acordaba, el recuerdo estuviera desprovisto de implicaciones personales, como si fuera una escena de una vieja película o parte de una obra de teatro, y no algo que había hecho ella misma.

—Me va a llevar una eternidad poner esto en orden. Por favor, no vuelvas a sacar ninguna página de la agenda.

—Yo no las saqué —me dijo.

Me estaba acostumbrando a que Stella negara tener algo que ver con los pequeños desastres que acontecían allí por donde pasaba: teléfonos que se descolgaban y se volvían a colgar sin contestar, líquidos derramados, tapones de la pasta de dientes que no se volvían a poner y —¿dónde si no podían ir a parar los tapones de la pasta de dientes?— se tiraban por la taza del retrete.

Mi estatus como cuidador aún era una novedad para mí. Unos pocos meses antes aún era sólo su marido y tenía la misma libertad que ella para decir lo que pensaba, dentro de las reglas del matrimonio que ambos habíamos ido descubriendo sobre la marcha. Le estaba diciendo, manteniendo muy a raya el enfado, pero aun así se lo estaba haciendo saber, que, aunque no la consideraba responsable, la había pillado creando el caos de la agenda. Me apunté el tanto con serenidad, pero a pesar de todo me lo apunté, mordiéndome la lengua.

En sus entrevistas privadas con Stella, el doctor Harrison había captado el matiz negativo que causaban estos incidentes mientras estaba tanteando si había discordias maritales. El paciente había dicho: «Mi marido está muy enfadado conmigo… Soy más lenta haciendo las tareas de la casa y me cuesta recordar las cosas». Me había chocado leer ese «muy enfadado». Yo me consideraba tremendamente paciente. Lo más que estaba dispuesto a conceder era «un poco molesto». Sin embargo, no somos sólo lo que creemos ser, sino que también somos como nos ven o como esperan que seamos. Si Stella creía que me estaba poniendo en su contra no era suficiente con acercarme a ella delicadamente, con las palmas de las manos hacia arriba y mis pacíficas intenciones a la vista. Stella tenía que ver que esa conducta era mi forma de ser natural.

Me llevó un tiempo. Tenía que hacer que mis nervios aprendieran lo que mi cabeza ya sabía: que no había ninguna forma de reconstruir las defectuosas conexiones en la cabeza de Stella que fuese más allá del momento presente. Podríamos tener una conversación sociable durante unos momentos sobre por qué se le cayó un vaso de la mano, pero no tenía que conservar ninguna esperanza de que ni lo dicho ni a lo que ella hubiera accedido vagamente fuese recordado. Tenía que reaccionar cuando el vaso aún estaba cayendo de su mano, antes de que pudiera darse cuenta de que tenía la falda llena de zumo de naranja y empezara, por tanto, a buscar culpables.

—No te preocupes, sólo ha sido un accidente. Es culpa mía, no debí dejar el vaso ahí.

Lo importante no era que yo hubiese desarrollado un sistema para explicar esos accidentes de forma suave para llevar la contraria a mi estómago revuelto, sino que mi lado emocional se había rendido a lo que era una verdad simplemente intelectual: que el hecho de derramar el vaso no era, en absoluto, culpa suya. Mi estómago había aprendido a no preocuparse más del zumo de naranja vertido de lo que se preocupaba cuando un avión despegaba y yo continuaba leyendo o echando una cabezadita, sin prestar atención.

Tener a mano un trapo para limpiar y decirle que todo estaba bien, que había sido culpa mía, me proporcionaba mucho más alivio que ningún exabrupto al estilo de: «¡Cuando cojas algo, haz el favor de que no se te caiga!», dicho con el tono agresivo que hubiera empleado un año antes, o sin ese tono pero reprimiendo el enfado, hace unos seis meses. Ahora, durante todo lo que continuemos juntos, no lo digo y ni siquiera lo pienso. Stella había olvidado cómo funcionan las cosas, cómo evitar hacerse daño. Ahora dependía de mí.

Durante las Navidades siguientes, aparecieron en nuestro buzón docenas de postales que Stella había encargado de Unicef, del Unitarian Service Committee, de la Alzheimer's Association, de varios museos de arte, etc. Literalmente, cientos de postales. Había conseguido echar los pedidos al correo cuando yo no miraba, probablemente ayudada por alguien. Pagué las facturas y lo consideré como una contribución a unas buenas causas. Era un milagro que hubiera escrito algunos números, firmado con su nombre, añadido nuestro número de tarjeta de crédito y metido las hojas en sobres para que alguien las echara al buzón y el cartero las recogiera. Me senté con ella y le enseñé las postales. Stella siempre había disfrutado con las postales, tanto escogiéndolas como recibiéndolas.

Como el grupo de los cuidadores en el centro de Alzheimer estaba vinculado al grupo de los enfermos, cuando Stella superó la fase I y tuvo que retirarse, yo también me quedé sin hogar. Sucedió durante los meses en que estuvo sin medicación, esperando que los análisis de su hígado mostrasen que había vuelto a la normalidad.

Mientras trataba de conseguir que la clínica la pusiera en algún tratamiento efectivo, seguí buscando nuevos grupos de apoyo. No podía imaginar cómo un grupo mixto de enfermos y cuidadores pudiera ser útil para nosotros dos. Stella necesitaba algo que la atrajera tanto a nivel intelectual como social y que hiciera que se ejercitara físicamente. Yo quería pasar tiempo con otros cuidadores. Me preocupaba verme sentado junto a Stella mientras un orador iba hablando sobre el Alzheimer… el Alzheimer… el Alzheimer…, la clase de discurso que a ella sólo podía causarle ansiedad gratuita. ¿En qué podía contribuir a su bienestar sentarse a escuchar descripciones muy gráficas de los desastres mentales y físicos que le iban a aquejar y frente a los cuales no podía hacer nada?

Un programa de cuidado diurno patrocinado por CenterDay, un centro para la tercera edad situado apenas a 10 minutos de nuestra casa, era muy similar a aquel en que encontramos dibujos infantiles colgados en la pared, bingo y gorros de fiesta. Sólo unos meses atrás, Stella había rechazado todo aquello a primera vista. No obstante, cuando fuimos a visitar CenterDay, descubrí que Stella se había adaptado, por así decirlo, a ese tipo de centro. Le gustaba y también los empleados que salieron a recibirla, así que la inscribí.

Aunque se movían en algún estado de discapacidad o dependencia, de modo que ya no iban a comprar solos ni conducían, no todos los clientes de CenterDay eran enfermos de Alzheimer. Habitualmente vivían con parientes que eran responsables de ellos: hijos con trabajo o hermanas que aún estaban en buena forma. Unos necesitaban todo tipo de atenciones y cuidados para pasar el día, y ambos, enfermos y cuidadores, necesitaban tomarse un breve respiro los unos de los otros. El grupo se iba de excursión en autobús a visitar jardines y museos. Los coros de los institutos cercanos y también la banda de banjos de la ciudad iban a actuar. Trovadores con flautines y armónicas se ofrecían voluntarios. «¿A quién le apetece pintar hoy?», preguntó un empleado con tal entusiasmo que atrajo varias respuestas afirmativas. Uno de los pacientes, que había sido un conocido retratista local, pintó sobriamente los espacios en blanco delimitados en un cuaderno para colorear. Otro garabateó flores de colores en láminas del tamaño de las páginas de periódico.

En cuanto descubrieron qué tipo de música le gustaba a Stella, la sentaron junto al reproductor de casete en la esquina para que oyera sus conciertos favoritos. A veces se quedaba dormida. Yo traje una grabación de una de sus interpretaciones y me quedé impresionado por el respeto con el que fue recibida. ¡Ésa era Stell tocando! Era un amargo recordatorio de que había perdido la parte creativa de su vida muy recientemente, de forma rápida, completa e irrecuperable. La última vez que le había traído su violoncelo y le había puesto el arco en la mano, lo había cogido y, sonriendo amablemente, lo había dejado caer hasta el suelo raspando las cuerdas.

El programa que se anunciaba en el centro tenía poca importancia si lo comparamos con la vitalidad de la plantilla que trabajaba allí. Stella no era la única jugadora de bingo a la que le tenían que encontrar los números en el cartón y decirle cuándo tenía que levantar la mano porque había ganado. En algún sentido, todo CenterDay era como esas partidas de bingo. Allí, lo importante de la experiencia no eran las actividades, sino que los clientes se sintieran inmersos en algo que estaba en marcha, aunque fuera como meros observadores. Cuando, en casa, preguntaba a Stella si se lo había pasado bien, siempre me respondía que sí, cosa que me confirmaba la plantilla del centro y que yo mismo podía observar cuando me dejaba caer por allí.

Las mañanas empezaban con un desayuno extra compuesto de brioches y zumos. Después se realizaban ejercicios suaves con todos sentados en círculo, como dar patadas a un pelota de playa de un lado a otro o jugar a Simón dice. Un hombre con voz de barítono los dirigía mientras cantaban canciones irlandesas. Hablaban de los titulares del periódico de la mañana y recortaban fotos de animales y las pegaban en álbumes. En todo esto Stella participaba como una mera observadora. Había un receso para ir al baño; después, el almuerzo, tan sólido como anunciaban en su folleto. Respeto a los fanáticos de la nutrición que planifican sus comidas con treinta días de antelación hasta en el tipo de salsa que usarán. Pero, para mí, el supermercado era una fuente satisfactoria de ensaladas, rellenos para mis bocadillos y pollos, ya fuesen en filetes o la pieza entera a la parrilla. Mis especialidades del *chef* (patatas asadas, pasta cocinada de forma muy básica y un par de tipos de sopa) se acaban haciendo aburridas de tanto repetirse.

Incluso cuando Stella era una cocinera experta, me preguntaba qué quería para cenar. Yo me asombraba de cómo podía ser que escoger la cena fuese un problema teniendo todos esos libros de cocina. Teníamos tantos libros de recetas que ocupaban un estante tan largo como la propia cocina. Heredé la paradoja de tener una casa con un archivo de recetas, cuarenta libros de cocina y sin una sola buena idea sobre qué cenar.

Como Stella, los días en que asistía al programa, tomaba la comida principal al mediodía en el centro, yo tomaba la mía de la nevera o de un restaurante del centro. Tomar la comida principal a mediodía, como cenar a las cuatro, era propio de granjeros. Para las comidas de la tarde íbamos con frecuencia a casa de amigos o a restaurantes. Grita, además, siempre nos dejaba alguna cacerola preparada durante los días en que estaba de servicio, aderezada con salsa, patatas asadas y suculentas ensaladas.

Cuando venían los chicos, la cocina se convertía en un bazar de comida étnica y de la nueva generación. Se llenaba la encimera de vegetales de Oriente —Próximo y Extremo—, bollería, salsas para carne, pudines y panes europeos, sopas judías, pastas italianas y guisos típicos de Malaisia, África y Escandinavia. A pesar de tener trabajos de gran responsabilidad con el tiempo libre justo para empezar una familia, Marion y Connie eran exponentes de una herencia que no se remontaba a sus madres, sino a sus abuelas. Tenían en su cabeza todos los sabores sin necesidad de probar los guisos y eran capaces de controlar a la vez el tiempo del horno y de tres pucheros.

A diferencia de mí, Damon y Jerry pertenecían a una generación que despreciaba los platos comprados en el supermercado y cocinaba sopas de lentejas con diez ingredientes diferentes. A pesar de atender a los sofritos y contestar al teléfono, que sonaba constantemente, eran capaces de escuchar cómo les había ido el día a sus hijos con mucha más atención que la que nosotros —o al menos yo— habíamos dedicado a ellos.

Puesto que Stella se pasaba tres medios días en CenterDay y en otras ocasiones se quedaba en casa con Grita u otro ayudante, yo tenía tiempo libre para trabajar en mi escritorio o en el jardín, ver una película, pasar una hora en la biblioteca o comer con amigos. Yo seguía buscando grupos de cuidadores parecidos al que me vi obligado a dejar cuando Stella pasó de la fase I, grupos en los que se compartieran consejos prácticos. Las conferencias de expertos que hablaban desde un podio y contestaban las preguntas que les hacían desde la platea no se ajustaban a mi idea de grupos de ayuda, pero los expertos sabían de investigación y legislación y, de vez en cuando, iba a escucharles. Estuve entre el auditorio de un genio que nos visitó para dar una charla sobre «El derecho a saber». Transcribí un pasaje tal y como él lo dijo:

> A cualquier persona que sufre una discapacidad se le debe explicar de forma completa y sincera cuál es su estado. Tiene derecho a saber. Su cuidador o su doctor debe tomarse el tiempo para ofrecerle una explicación completa de su situación para que él o ella puedan participar en la toma de decisiones que les afecten.

No estaba muy dispuesto a aceptar el consejo de alguien que no sabía cómo salirse de una maraña de pronombres. Tanto pronombre indicaba que estaba repitiendo una jerga memorizada sin haberse planteado nunca qué implicaba ese proceso en la vida real.

El derecho a saber de Stella no era, para mí, una cuestión abstracta. La primera vez que me preguntó si yo opinaba que ella tenía Alzheimer sentí que aquello era un desafío al vínculo de confianza que habíamos desarrollado a lo largo de nuestra relación. No mentirnos el uno al otro era un pacto tácito entre individuos iguales que afrontaban la vida con responsabilidad. ¿Pero acaso no había variado ahora el equilibrio en la balanza de nuestra relación? ¿No se suponía que yo tenía que compensar la situación de alguna manera? Escogí no confirmarle el Alzheimer, sino su *posibilidad*.

—Sí, claro. Yo también podría tenerlo. Muchos casos son genéticos. Se esconde en las células y emerge poco a poco, si es que emerge, en la gente mayor. Cuanto más viejos somos, a nuestra edad, la tuya y la mía, menos probable es que aparezca en su forma más grave. Tampoco es que sea posible afirmar sin lugar a dudas que alguien tiene Alzheimer. Lo más que se puede hacer es una deducción razonable. Todo lo que se conoce de la enfermedad son sus síntomas. No es una enfermedad con gérmenes que uno pueda ver en el microscopio.

Todo lo que dije era cierto, pero ella no podía comprender esas palabras y lo único directo que escuchó fue mi «Sí, claro». No pensaba llevar la pregunta a otro nivel: ¿exactamente qué es? Una enfermedad degenerativa e incurable. No es dolorosa. Puede que no seas consciente de ella más que como una pequeña incomodidad. ¿Cómo me afectará? Destruirá tu capacidad para pensar, hablar, controlar tus funciones básicas y quizás incluso para caminar. ¿Qué puedo hacer? Nada, al menos tú misma. Yo, desde fuera, haré cualquier cosa que pueda ayudarte a vivir en paz con ella. ¿Qué expectativas tengo? De recuperarte, ninguna. De vivir con comodidad, tendremos que verlo. Puede que sólo pierdas un poco más de memoria de vez en cuando. Puedes vivir con ello. Podría ser más grave. Podrías sufrir de incontinencia, ir en silla de ruedas, olvidar cómo masticar o tragar, querer dormir todo el tiempo o ser incapaz de hablar. Puede que te lo tomes con calma, paso a paso, o puede que te sientas profundamente infeliz, deprimida, suicida y necesites tomar antidepresivos hasta para levantarte de la cama. Pero sea de la forma que sea, no puedes hacer nada para cambiarlo. ¿Qué hábitos debo cambiar? Serán tus hábitos los que decidan por sí mismos cuáles persisten y cuáles se pierden. ¿Qué medidas debo tomar en mi testamento? Tú y yo ya hemos previsto todo eso. Tenemos la lista de cosas que querríamos que se hicieran y la gente a la que queremos dejar algo en especial ya figura en nuestros testamentos. Los chicos lo saben. Si quieres leer tu testamento algún día, te lo sacaré del archivo. Si hay algo que quieras cambiar, dímelo.

¿Es que hay alguien en este mundo que de tales palabras obtenga algún efecto positivo, aparte de satisfacer a un panfletista que vería su teórica y desencaminada visión de los derechos humanos llevada a la práctica por alguien lo suficientemente idiota para encarar a su mujer con su derecho a saber y, si era bastante explícito, darle un susto de muerte sin ninguna necesidad?

Muchos enfermos de Alzheimer retienen algunas capacidades y tienen el temperamento y la voluntad suficientes para ejercerlas. Pueden conducir, hacer cheques, comprar, pasear o dar de comer a los pájaros, aunque su control sobre estas funciones puede verse reducido sin previo aviso. Mantienen algunas capacidades. Los derechos les son útiles. Los derechos son su patrimonio: una afirmación de su humanidad y de la continuidad de su participación en la sociedad.

Stella, por otra parte, pasó casi instantáneamente a un estado en el que era incapaz de distinguir su derecho a ser informada y el derecho a que su firma fuera requerida. La misma afirmación de la diferencia entre estos dos derechos no tenía sentido para ella.

¿En qué consulta sobre análisis de sangre o rayos X fue necesaria su participación? ¿Qué información significativa sobre el Alzheimer tenía derecho a recibir, el doctor derecho a emitir y ella derecho a rubricar con su firma para confirmar un tratamiento en consecuencia? ¿En qué parte del proceso de la toma de decisiones iba a participar más allá del meloso «Vamos a ver qué podemos hacer ahora. ¿Podemos firmar nuestro nombre en este cuadrito?» con el que se conseguía su firma? Los inteligentes saben bien que la esencia de la «transacción de derechos» es que el paciente firme documentos que en un momento de crisis se harán aparecer como si los hubiera firmado de forma competente.

Desde el principio, lo último que quise es que el doctor Loughrand cometiera la torpeza de explicar a Stella, durante una de sus visitas lo que el Alzheimer le podía causar. Advertirla con insistencia del proceso que iba a padecer no la prepararía mejor para algo cuyos componentes principales eran el desamparo y el olvido. Loughrand me debía a mí, y no a Stella, su conocimiento. Y mi opinión era la misma sobre Geerey, el neurólogo, y sobre Harrison, el psiquiatra.

Los poderes legales que tenía otorgados me concedían todas las facultades según mi discreción. No eran simplemente simbólicos. Su derecho a que yo, que era la persona de la cual dependía, hiciera lo mejor para ella estaba por encima de los derechos prescritos por alguien a quien le habían encargado escribir un folleto.

—Loughrand te lo dijo. A veces puede parecer un infarto. También puede parecer una depresión y yo veo que no estás deprimida. ¿Te sientes deprimida? ¿Realmente en los pantanos de la tristeza? Si lo estás, yo no lo veo.

No dije «suicida». Y omitirlo no era una cuestión de franqueza, sino de cariño.

—¿Si me siento así? Claro que no.

Stella ya había escuchado la lección sobre todo lo que había querido saber y perdió el interés por ella. Cuando volvió a preguntar, algún tiempo después, le respondí que la única manera en que podían estar seguros de si alguien tenía Alzheimer era taladrando hasta su cerebro y mirando el estado de los nervios. Y eso no era algo que se hiciera con los seres vivos, sino en la autopsia. ¿Estaba tan ansiosa por saberlo que les iba a permitir taladrar su cerebro?

—¡Por Dios, ni hablar!

Conforme pasaba el tiempo, iba disminuyendo su curiosidad y le interesaban cada vez menos las explicaciones técnicas. Lo que necesitaba saber, cuando me preguntaba por qué estábamos yendo a esa clínica o a ver a ese doctor o por qué tenía que tomarse aquellas píldoras y hacerse otro análisis de sangre, no era que estábamos tratando su Alzheimer, sino que estábamos probando diferentes medicinas para ver cuál podría ayudarla a caminar bien o a mejorar su memoria sin provocarle hepatitis como efecto secundario. Éstos eran detalles tangibles, comprensibles. Éstas eran las preguntas a las que yo contestaba.

Yo siempre cambiaba de canal cuando creía que el programa podía comenzar a hablar del Alzheimer. Arrancaba las páginas sospechosas de los periódicos antes de dárselos. No creo que fuera capaz de absorber la información de forma efectiva, ni quería arriesgarme a que llegara un momento en que se imaginara inútil e incontinente, confinada a una silla de ruedas en un hogar de ancianos.

Otros cuidadores veían la cuestión de la franqueza de forma completamente distinta y coincidían con el conferenciante que abogaba por el derecho a saber. Una gramática defectuosa tal vez no sea motivo suficiente para rechazar lo que podría ser un buen consejo. Por lo que he oído en los grupos de apoyo, otros enfermos se muestran muy beligerantes en lo que respecta a saber qué es lo que les pasa y no se les puede aplacar tan fácilmente como a Stella. Si uno de ellos estuviera a mi cargo, iría hasta donde él quisiera llevarme, dándole las respuestas que pudieran serle útiles, que es lo mismo que hice con Stella. Y la verdad es que había muy poco que pudiera serle útil.

La farsa afecta incluso a los que están llenos de buenas intenciones. ¿Acaso quedaba probada la autonomía de Stella por el hecho de que su firma estuviera al pie de un documento cuando su mano había sido guiada por la mía?

Más aún, ¿mi propia firma prueba algo cuando un hospital te presenta un fajo de documentos para ser firmados inmediatamente so pena de que se me denieguen los servicios de un cirujano, un anestesista y, de hecho, de toda la institución? Si no te gusta, ¿qué vas a hacer? ¿Rechazar la anestesia? ¿Negarte al análisis de sangre? El próximo hospital al que vayas te va a presentar el mismo fajo de documentos para blindarse. Nadie los lee. Todo el mundo los firma. Te presentan los documentos para firmarlos enseguida con un tono de «Todo el mundo lo hace, sólo es una formalidad». El derecho del paciente a firmar o no firmar toma el color de un chantaje. La única responsabilidad que se admite en aquella habitación es la del paciente. La parte que exige la firma se exime de culpa apuntando hacia los abogados o las compañías de seguros como los responsables de que tengan que presentarse esos papeles.

En la mayoría de hospitales, grandes residencias para la tercera edad o mutuas sanitarias, hay un empleado al que se designa como representante o abogado del paciente o incluso como defensor de sus derechos. A veces se plantea la cuestión de si representan al paciente frente a la dirección del centro o a la dirección frente al paciente. ¿Cuál de los intereses enfrentados prevalece? Una forma sencilla de comprobarlo es pedir a uno de ellos que revise los papeles y nos diga cuáles son los derechos a los que el paciente no está obligado a renunciar al firmarlos.

Es un gran misterio para mí que una persona, competente o no, puede renunciar a aquellos derechos que tanto nos costó ganar y que están reconocidos por ley (la libertad de expresión, el derecho a juicio, la defensa frente a servicios y productos defectuosos). ¿Es que tenemos el derecho a trabajar por menos del salario mínimo? ¿Podemos firmar nuestra esclavitud si un administrador avezado lo ve como una forma de rebajar costes de producción? Comprendo que la firma del paciente forma parte del paquete de medidas para dar poder a la parte débil, pero requerir el consentimiento de gente que no puede darlo de forma real es contrario al propósito del derecho y, además, lo trivializa.

Una vez, a espaldas mías, un técnico del hospital consiguió las iniciales garabateadas de Stella para enviar una factura fraudulenta por un servicio que no se le debía haber prestado. Me costó mucho pasar por todos los canales habituales hasta conseguir la subsiguiente carta de disculpa y que anularan la transacción fraudulenta del extracto del banco. Durante mucho tiempo sólo me dijeron que tenían su firma en la orden y yo sólo repetía, cada vez ante un nivel más alto de jerarquía del hospital: «¡Presten atención! La firmante tiene Alzheimer. El técnico que le solicitó la firma lo sabía. Ni siquiera es una firma. Es una inicial y el garabato de un bolígrafo sin dirección».

Finalmente llegué a un juez con dos dedos de frente y ahora tengo ciento sesenta dólares en mi cuenta a cambio de más cartas y horas de defender mi postura de las que me gusta reconocer, puesto que no tenía tiempo para nada de eso. Aun así, no me arrepiento, y os animo a gastar una cantidad desproporcionada de energía para defenderos de este tipo de abusos insultantes cada vez que se crucen en vuestro camino. No hay muchos que lo hagan.

A largo plazo, el cuidador es el custodio de los derechos del paciente. Lo que Stella retuvo para sí misma, y aún retiene hoy en día, aunque no es un poder activo, es un derecho de veto en las áreas en las que aún es competente: lo que le gusta o lo que no le gusta y lo que siente. En ésta, su casa, es su «derecho». No puede decir qué quiere para cenar, pero si la comida le disgusta, la apartará. En este sentido, les dice a los cuidadores que no le den judías verdes, pero si son el vegetal del día, le vale si se las dan en puré y las aliñan con salsa de manzana. Nunca decimos lo que nos decían, y hacían bien, nuestros padres cuando aún éramos criaturas: «Cómete lo que tienes en el plato o te irás a la cama sin cenar».

Stella casi nunca se queja de incomodidades físicas, pero si se le pregunta si tiene frío, su respuesta es un «sí» o un «no» firme en el que puedes confiar. Si siente dolor, por ejemplo, si algo le pincha cuando la estás cambiando de la cama a la silla, emite una queja poco ostentosa. Aunque no tengo la menor intención de comprobarlo, creo que si le dijera que tiene que someterse a un procedimiento médico doloroso sin anestesia lo aguantaría perfectamente si yo estuviera a su lado diciéndole que todo iba a ir bien. Por lo que respecta al resto de sus derechos, depende de los cuidadores y sus ayudantes percibir sus necesidades y satisfacerlas lo mejor que puedan.

El genio que nos dio la conferencia se equivocó completamente respecto a Stella, pero respecto a mí, acertó de lleno. Si yo llego a tener Alzheimer quiero la franqueza que rechazo para mi mujer. Yo tengo el derecho a saber porque he pensado sobre ello y he decidido de antemano que quiero saber. Cuando la enfermera del laboratorio apuntaba con la aguja a la vena de Stella para sacarle sangre, ella siempre apartaba la mirada. Yo miro. Cuento las muestras de sangre que me sacan. Quiero saber por qué esta vez son tres si la anterior fue suficiente con dos. Stella nunca supo si le sacaban una o cinco.

También sé, tras haber visto el Alzheimer de cerca, que llegará un momento en el curso de la enfermedad en que el concepto de franqueza se borrará de mi intelecto igual que se borran las fronteras de lo real y lo imaginario. La franqueza puede convertirse, para mí, en algo tan irrelevante como lo es para Stella. No la reconoceré cuando la oiga.

Si llego a un estado en que mis cuidadores juzguen que ya no distingo la verdad de la mentira intencionada, en el mismo juramento en que ahora les exijo franqueza, les absuelvo de ella. Ya no tendré derecho a saber. Entonces tienen mi permiso, y lo doy ahora que mi mente está más lúcida de lo que nunca va a volver a estar, para mentirme. Si mi hijo y mi hija juzgan que los procesos en los que esté inmerso ya no tienen significado para mí, la decisión de cómo proceder es sólo suya. Llegó un momento en que la palabra Alzheimer se convirtió en una parte que ya no tenía un significado especial en la cultura de Stella. Dejó de sonar de una forma especial. Entonces la censura benigna que había ejercido dejó de ser necesaria. De la misma forma que no puedo asegurar cuándo comenzó la enfermedad, no puedo decir exactamente cuándo la palabra dejó de conllevar la carga que arrastraba desde que, por primera vez, ella falló la prueba de los sietes.

No sólo eran las conversaciones sobre el Alzheimer: cualquier conversación que tuviera lugar a su alrededor y que no estuviera relacionada con lo que hacía en ese mismo momento dejó de atraer su atención. No solamente dormitaba durante las conversaciones sobre el Alzheimer, sino también durante un partido de los Red Sox o viendo la guerra de guerrilla en México, la elección de los nuevos dirigentes del Garden Club, la guerra contra las drogas o escuchando a Mozart. Ya no había temas que no tratásemos frente a ella, y no porque asumiéramos groseramente que no estaba en la conversación. Para mí, seguía muy presente, pero sabía que había algunos temas que ya no la atraían: para ella no tenían historia ni formaban parte del presente, no le reportarían recompensa ni le representaban una amenaza.

Ciertamente, es lamentable hablar alrededor de una persona actuando como si fuera un niño que no tiene suficiente vocabulario o educación para entender lo que se dice. En el caso de un enfermo de Alzheimer, es especialmente injustificable asumir que no sabe algo si no puede hablar de ello. Stella dio numerosas pruebas de que gran parte de lo que sucedía a su alrededor tenía significado para ella mucho después de haber perdido el vocabulario necesario para hablar de ello. Pero llegó un momento en que ciertas palabras e ideas perdieron su fuerza de tal forma que apenas se filtraban en su conciencia, como una bombilla que no da la luz suficiente como para leer bajo ella. Palabras como «Alzheimer» demostraron que ya no tenían significado para ella y, por tanto, que ya no debían ser evitadas. De algún modo se produjo una especie de restauración inversa de la habitual franqueza de nuestro matrimonio.

Una excepción que nunca he logrado entender es lo receptiva que siempre se mostró al discurso inteligente en televisión. Yo solía cambiar de canal, me detenía en los programas que le podían llamar la atención y le preguntaba: «¿Éste? ¿Quieres ver esta película? ¿Este partido? ¿Estos insectos apareándose? ¿Este debate?». A menudo paso los sesenta y ocho canales que tenemos y no hay nada que le apetezca ver. Sus negativas varían de una aburrida inclinación de cabeza a cerrar los ojos; de un no murmurado a un enfático «¡no!» cuando llegamos a películas de tiros o programas en los que aparecen tertulianos supuestamente inteligentes gritándose los unos a los otros. Tiene más sentido común que ellos y prefiere sentarse tranquilamente o echar una cabezadita. Acepta ver una competición de golf sin comentaristas, quizá por el paisaje, o un partido si no hay nada más.

Cuando encuentro algún programa sobre libros es mucho más probable que diga «sí» y, a menudo, sigue viéndolo durante un considerable período de tiempo. Una tarde, en su cuarto año de Alzhei-

131

mer, Stella no apartó los ojos de la televisión durante tres sucesivas biografías de media hora de Melville, Thoreau y Whitman. Me maravilló su concentración.

Luego no podía contarme ni una sola palabra de lo que había estado viendo. ¿Pero acaso puedo por eso afirmar que no mantuvo una relación real con lo que estaba pasando en la pantalla?

6

Lo real y lo irreal

De los más de dos mil grupos de cuidadores que hay en el país y que reciben apoyo de la Alzheimer's Association, una docena estaba en mi condado. Se reunían en centros para la tercera edad, en iglesias y en templos, en ayuntamientos, en hogares de ancianos, en casas particulares o incluso en sótanos de bancos.

Uno tenía un orden del día fijo, con un tema para cada reunión que se anunciaba previamente. Venían de visita expertos para dar conferencias, había lecturas que hacer en casa y una fecha tope para inscribirse, exactamente igual que una asignatura en la universidad, de forma que todos los miembros que asistían regularmente a ese grupo tenían el mismo nivel de información.

Pero la mayoría de los grupos estaban estructurados de forma mucho menos formal y se reunían solamente una o dos veces al mes, aceptando como miembros a los que estuvieran presentes en el momento de cada reunión, con un núcleo de tres o cuatro parroquianos que asistían regularmente para ver a amigos con los que tenían en común el hecho de ser cuidadores. Al principio me incorporé a uno que no tenía ninguna estructura formal excepto la fecha de reunión en la biblioteca de un hogar para la tercera edad, el tercer jueves de cada mes. Me incorporé al grupo apareciendo por allí y diciendo unas pocas palabras de presentación cuando el moderador dijo: «Venga, vamos a empezar».

—Mi nombre es Aaron Alterra. Mi esposa está en el segundo año de Alzheimer, quizás en el tercero. No sé cuánto del principio me perdí. La cuido en casa junto con algunos ayudantes. Tres veces a la semana mi mujer va a un centro de día y sigue su programa de actividades, con el que disfruta mucho.

Cuando los grupos se reúnen, como hacíamos nosotros, en un hogar de la tercera edad, la mayoría de los cuidadores tiene parientes que viven allí y el moderador de la reunión suele ser alguien del personal del centro. Algunos de los miembros del grupo habían estado viniendo a las reuniones durante años y se sabían todas las historias de los demás. No venían a aprender sobre el Alzheimer, pues ya sabían bastante. Que las historias se repitieran tampoco parecía molestarles. Venían por el compañerismo y la comprensión que se desarrollaban con el tiempo entre los miembros del grupo. Se sabían los nombres de los cónyuges de los demás y preguntaban por ellos. Las esquelas eran de gente que conocían. El objetivo de grupos como aquel era, principalmente, ofrecer una plataforma para que brotase la fraternidad.

Una vez desaparecida la obligación de que el cuidador y el enfermo estuvieran emparejados, la distribución de roles entre ambos sexos se hizo patente. Apenas había uno o dos hombres en el típico grupo de seis personas. Dan Boudreau, el vendedor de fármacos que había estado conmigo en el grupo de Ina, también se incorporó a éste después de que Lenore hubiera sacado a Alma del grupo de enfermos, privándole también a él de asistir al grupo de cónyuges de Ina. Venía regularmente. Era su club.

La desventaja de que la puerta estuviera abierta para alguien como yo, que no estaba buscando especialmente ni compañerismo ni una forma de matar el tiempo, puesto que no andaba falto de ninguna de las dos cosas, era que las reuniones discurrían una y otra vez sobre un terreno ya visto. Los recién llegados venían con las preguntas típicas: «¿Cómo lograr que dejen de conducir? ¿Qué medicación está tomando? ¿Qué pasa si sale de casa cuando nadie le ve y vagabundea de un lado a otro?».

Yo iba cambiando de grupo a grupo. La mayoría sólo se reunía una hora o dos cada mes. En muchos de ellos era posible aparecer una o dos veces y, a partir de entonces, te consideraban un parroquiano que se había perdido alguna reunión. Todos habíamos sido alguna vez nuevos, nos habíamos presentado explicando nuestra relación con el Alzheimer y habíamos contado algo sobre el vagabundear, las alucinaciones o los problemas al volante, bien comentado como una interferencia casual en una vida que por otra parte era normal, bien como una horrorosa experiencia nueva.

—Estoy volviéndome loca. Se escapa como una bala, sin previo aviso…

—De todas las razones por las que los enfermos de Alzheimer acuden a los hogares de la tercera edad, la principal es que la familia no puede controlar su tendencia a irse de repente y vagar sin control —dijo el moderador.

Todos conocíamos la historia de A. J. y sabíamos que la contaría. Su hermana se había escapado varias veces antes de que pusiera una alarma en casa para evitar que volviera a pasar. Puso además alfombras negras en las salidas, que evocaban abismos sin fondo que era mejor evitar. Aun así, un día su hermana consiguió burlar todas las defensas y caminó durante millas hasta la siguiente ciudad, y luego hasta otra a través de carreteras secundarias y de autovías, durmiendo quién sabe dónde, dejando a los de su casa muertos de preocupación (¿cómo podemos saber quién cree el enfermo que se preocupa por él?) sin ningún propósito, hasta que se sentó desconcertada en un banco de un centro comercial. Habitualmente el enfermo vaga por un barrio que no es el suyo a una milla de su casa y pasa desapercibido hasta que alguien, que probablemente aún duda de si está haciendo lo correcto, llama al 911.

En el grupo, alguien tenía un recorte de prensa que hablaba de un nuevo sistema de búsqueda por satélite que podía localizar a los afiliados a la Asociación en cualquier parte del mundo con un margen de error de diez metros. Uno de nosotros comentó: «Eso es para J. Paul Getty». Otro añadió: «Sacan esas historias para entretener a los periodistas. Dentro de un millón de años quizá se puedan aplicar en el mundo real».

Stella nunca se había escapado de casa, pero si la dejaba en la entrada del supermercado y le decía: «Por favor, espérame aquí mientras aparco el coche, estaré de vuelta enseguida», no era extraño que la viera por el retrovisor moverse en la dirección en que yo me había alejado. En el mercado, a la que la perdía de vista un momento, podía rezagarse e irse hacia los bancos. El paso lento y rezagado era su ritmo habitual, nunca se arrancaba con el impulso que lleva a muchos a vagar lejos de sus barrios.

La mujer que estaba volviéndose loca dijo: «Antes nunca había pensado que estar confinado a una silla de ruedas fuera una bendición».

El moderador le dio el folleto de la asociación Safe Return. Esa asociación ofrece brazaletes y collares de identificación, además de contactos con la policía local y una red a nivel estatal. El grupo le sugirió diversos tipos de barreras y sistemas de cerraduras que se han ido adaptando a través de la experiencia colectiva.

Tenemos la peculiar intimidad de los desconocidos aislados, como los pasajeros de vuelos largos que acaban entablando conversación. Poco después no nos volveremos a ver. El hecho de hallarnos todos en la misma situación puede conducir a que alguno cuente más detalles de su caso y así establezca un vínculo con los demás, pero no creo que aquí ninguno de mis amigos cometa el error de ser demasiado reticente. Si sale un tema, existe la obligación de compartir lo que sabes. Las enfermeras que cuidan casos de Alzheimer se han dado cuenta, incluso antes que los doctores, de que nosotros, los cuidadores, sabemos más sobre la enfermedad que ellas mismas o que los académicos. Nosotros la vivimos.

Contamos nuestras historias favoritas para reconfortar a los que aún no han llegado a situaciones parecidas o quizá nos convertimos en narradores de historias sólo para que éstas nos definan como individuos ante el grupo. Alguien recuerda que dejó a su tía «sólo du-

136

rante un segundo» con el cinturón puesto en un coche cerrado y que, cuando volvió, se encontró que había desaparecido, como Houdini. Otra recuerda el día en que su marido perdió las llaves del coche, cogió las de repuesto del armario de la cocina y las perdió también. Al final, ambos juegos de llaves se encontraron en el bolsillo superior del traje que su marido estaba llevando en ese momento. Otro miembro del grupo recuerda uno de los principios habituales sobre el Alzheimer: «No están realmente graves hasta que olvidan para qué son las llaves».

Es probable que yo cuente la historia del día en que Stella y yo estábamos conduciendo por Pennsylvania para visitar a su hermana. Fue poco después de que le diagnosticaran el Alzheimer. Stella ya había dejado de conducir y yo había devuelto su permiso. Paré un momento en la interestatal 80, una autovía de cuatro carriles, para llamar al motel y avisarles de nuestra hora de llegada.

—Voy a llamar al motel desde aquella tienda. Sólo me llevará un par de minutos. Quédate en el coche, estaré de vuelta en un santiamén.

Estaba acostumbrándome a dar este tipo de instrucciones con voz firme y tono repetitivo. No esperaba que se fuese para vagar, nunca lo había hecho, al menos tal y como yo entendía la palabra vagar, es decir, hacer algo a propósito para ir a otra parte. Aun así, solía despistarse de vez en cuando. En un museo de arte con varios pisos había desaparecido de mi lado. Los guardas la encontraron al final de un laberinto de habitaciones y pasillos. Dado que las galerías del museo no estaban atestadas y que yo era la persona responsable, sería más correcto decir que yo la perdí, y no que ella se perdió. Ciertamente no se había escapado. No lo había planeado.

Y cuando me seguía lentamente después de haberla dejado en el supermercado o en el cine y haberle dicho que me esperara, no pensaba en ello como si vagara. Para mí, vagar es *alejarse de*, no *ir hacia*. El Alzheimer estaba detrás de sus ataques y sobresaltos en aquellos primeros meses, y yo nunca estaba en condiciones de preverlos; siempre estaba por detrás, intentando llegar hasta donde la enfermedad la llevaba. Al final, tramité una petición para tener acceso a una plaza de aparcamiento para minusválidos, lo que me garantizaba un lugar cerca de la puerta de los lugares a los que íbamos.

Cuando hube colgado tras la breve llamada al motel y volví a la calle, Stella había desaparecido. El coche también. Stella no sabría dónde estaba. No iba a tener ni idea de hacia dónde iba. Ni siquiera podría explicar por qué estaba conduciendo sin carnet. Yo había oído hablar de ladrones de coches que les enseñaban un cuchillo a las mujeres, las hacían ponerse en el asiento del pasajero y se iban con ellas. Ella también había olvidado cómo levantar la voz, ya no lo hacía por ningún motivo. En casa no podía ni llamarme desde la habitación de al lado. Había intentado enseñarle cómo llamar pidiendo ayuda, incluso lo intentamos con un logopeda, pero el «¡Socorro!» salía tan suave como si estuviera pidiendo que le pasaran la sal.

Volví a la tienda y llamé a la policía. El coche patrulla llegó en unos segundos. Le conté al agente lo que estaba pasando.

Él estaba extrañado.

—¿Y se fue sin más?

Sí, eso creía yo. No mencioné mis temores sobre ladrones. Nuestra pequeña ciudad no era un lugar donde sucedieran cosas macabras como ésa. Los asaltos a coches eran para las grandes ciudades o propios de los grandes aparcamientos de los centros comerciales.

—No la había dejado sola más de dos minutos.

—¿Y por qué se iba a ir?

No lo sabía. No se encontraba bien.

—¿Tuvieron una discusión?

No, no. Nada por el estilo. ¿No podríamos hablar luego? Ahora necesitábamos avisar a todas las unidades, incluyendo a la policía estatal, para que buscasen un coche conducido por una mujer que no tenía carnet, que estaba enferma, que en realidad no podía conducir, que estaba en grave peligro y ponía en peligro a los demás. Podría estar subiendo la rampa para volver a la interestatal 80, perpleja, yendo a la mitad de la velocidad de la que debería, rodeada y adelantada por rugientes camiones que se dirigirían hacia el horizonte.

—No es habitual que una mujer coja el coche y deje a su marido en la carretera si es que no quiere alejarse de él. ¿No tuvieron ninguna pelea?

Si él no hubiera tenido una pistola puede que yo hubiera sido más vehemente y, entonces, como un verdadero policía, gremio de tiernos sentimientos, se habría olvidado de todo menos de mi grosería. Hubiera confirmado sus sospechas de que yo, y no mi esposa, era quien debía preocuparle. Me hubiera multado y después se hubiera encargado del problema con mi mujer. La pistola me hacía saber que él estaba al mando y, con una voz tranquila, insistí en la necesidad de que hiciera la llamada. No sin reticencias, radió los detalles: la matrícula, el Estado a que pertenecía, la marca del coche, el color, el año, la descripción de la mujer que lo conducía, por qué el coche debía ser detenido y a quién se debía avisar. Dejó la radio encendida y me dijo: «Vamos a dar una vuelta, a ver si vemos algo».

Entré con él en el coche patrulla y condujimos por la única calle principal del pueblo. Pronto señaló una fila de coches aparcados frente a una hilera de tiendas.

—¿Es ése su coche? ¿Aquella es su mujer?

¡Mi coche! ¡Mi mujer! Le di las gracias y corrí hacia ella. Él siguió tras de mí, cumpliendo con su deber.

—¿Dónde has estado? —me preguntó Stella, viva imagen de la mujer maltratada—. Me he quedado aquí esperando y esperando.

No creo que el policía acabara de creerse que yo había aparcado donde le había dicho y que no había tenido una pelea con ella. Por lo que él sabía, podía darle a Stella una bofetada tan pronto como él se girara para irse. En la comisaría les diría a los demás que debería haberme traído y retenido hasta que todo estuviera aclarado, haber llamado a mi ciudad para preguntar si tenía antecedentes y haberme multado para darme una lección.

El escepticismo del agente no era muy diferente del que mostró el doctor Harrison. Les concedo a ambos que llegaron al caso con la actitud profesional correcta. Cuando tenemos que defendernos a nosotros mismos, siempre sonamos algo culpables. Harrison actuaba correctamente al ser escéptico, pues no tenía mayor evidencia de que fuera una enfermedad, y no el marido, el principal problema de su nueva paciente. El policía actuaba correctamente al sospechar que el marido se había deshecho de ella y estaba intentando crearse una coartada para cuando hallaran el coche con el cadáver de su mujer en el maletero.

Conforme las mismas preguntas salen una y otra vez y se cuentan las mismas historias, siempre con las mismas llamadas a la policía y las mismas desapariciones dignas de Houdini, el motivo principal para seguir en el grupo es el compañerismo. Confieso que, aunque entiendo perfectamente la necesidad de ese tipo de apoyo, soy feliz con el puñado de amigos que tengo y paso mi tiempo libre leyendo o trasplantado arbustos. Por eso en raras ocasiones le daba a un grupo más que unas pocas semanas antes de pasar a otro que pudiera tener algo nuevo que decirme y al que yo pudiera contribuir con mis experiencias. Y me reciclaba cuando creía que ya había llegado el momento de jubilar algunas viejas historias.

Como había comentado, un grupo se reunía en el sótano de un banco. Éramos seis. Era mi primer día y llegué antes del comienzo, pues me confundí con la hora y creí que se empezaba quince minutos antes. Los demás miembros del grupo y el moderador fueron llegando. Se conocían todos de antes y le dieron un emocionado pésame a una mujer cuyo marido había muerto esa misma semana. Había salido en el periódico.

Me di cuenta de que había una mujer a la que nadie conocía que, a diferencia de lo que había hecho yo, se había sentado sin mezclarse con el grupo. Era casi como si se hubiera materializado tras la pantalla que formaban los demás. Vivo en un área turística y, por su particular estilo, hay algunas mujeres a las que se puede identificar inmediatamente como turistas de verano. Tenía unos cincuenta años y ya era un poco mayor para el ceñido lazo violeta que llevaba en el pelo. Llevaba unas sandalias de tiras de cuero finas y entrelazadas. Seguramente estaba pasando el verano en una de las casitas del club de golf y tenis o en uno de los chalés de la península. De aquí volvería a una buena calle de Nueva York o Rochester y, tras el día de Acción de Gracias o las vacaciones de Navidad, a Palm Beach o a Nápoles a jugar al golf, beber whisky y pasear en una barca con dosel. Media vida atrás, debía de haber acabado la carrera en Lausana o en una universidad para mujeres en la zona de Yale. Puede que nada de esto fuera verdad, pero era la historia que contaban sus ropas y su manera de comportarse.

—¿Y usted es...? —le preguntó con delicadeza el moderador.

No quería dar su nombre, pero lo hizo. Se llamaba Daisy. Era como si hubiera salido de un relato de F. Scott Fitzgerald.

El moderador esperó un instante para ver si añadía algo más, pero no lo hizo.

—¿Y está cuidando a... su madre? ¿A una tía quizá? ¿A su marido? —Daisy era joven para tener un marido con Alzheimer, pero no había escogido ninguna de las opciones anteriores.

—Leí sobre este grupo en el periódico. Pensé que quizá serían capaces de decirme si... es decir, si mi marido tiene *algo* de Alzheimer.

Nadie había oído antes una pregunta de ese tipo. La gente que tenía a alguien cercano con Alzheimer lo sabía antes de unirse a los grupos. No venían buscando diagnósticos. Se notó el cambio de actitud en el imperturbable moderador: «Comprendo. Puede que no tengamos las respuestas que usted busca, pero vamos a ver. ¿Alguien le ha dicho que su marido tiene Alzheimer?».

—El doctor parece creerlo. Yo no hablo con él. Le dijo a mi marido que podría tener un poco de Alzheimer.

Un poco. Algo de lo que te puedes recuperar, como la gripe.

—¿Hay algo que preocupara a su marido y que le llevara a hablar con el doctor?

—Yo le dije que debería visitar a un doctor. Estaba olvidándose de las citas que concertaba. Además, creía que había gente viviendo en el piso de arriba, y, por supuesto, allí no había nadie.

—Por supuesto.

Gente arriba, la alucinación más común. Es una de las alucinaciones que se espera y no resulta particularmente inquietante: sólo hay alguien arriba. Otros cuidadores han relatado alucinaciones horrendas sobre fuegos abrasadores, o sobre cónyuges que alucinaban respecto a que estaban cayendo desde un edificio y gritaban presa del pánico, o sobre padres muertos que regresaban dando instrucciones que hacían que sus hijas buscaran frenéticamente en los cajones, o sobre comunistas que bajaban del ático. La mayoría de las alucinaciones, no obstante, eran benignas.

Horas, a veces días, después de que nuestros invitados a pasar la noche se hubieran marchado, Stella seguía diciendo, con la seguridad de quien lo da por sentado, que estaban arriba y que quizá quisieran bajar a cenar. No tenemos segundo piso en nuestra casa, así que supongo que quería decir abajo. La imagen de los huéspedes permanecía en ella.

—Los Shavitz nunca salen de su habitación. Nunca los veo.

Para Stella, los eventos distribuidos en el tiempo eran como una serie de fotos en acordeón que al doblarse dejaba a la vista sólo una imagen, no necesariamente la más reciente.

Me rebelaba contra el consejo de que era mejor dar la razón al enfermo cuando tenía una alucinación. Corregirla no era para mí un tema de capital importancia, pero sí le decía que era poco probable que hubiera oído a los invitados, que yo creía que se habían ido a casa. No sé si con esto estaba intentando evitar menospreciarla a ella o a mí mismo por corroborar un disparate con mi asentimiento. Probablemente lo hacía por mí, pues a Stella no le preocupaba en serio si estaban aún con nosotros o si se habían marchado. No tenía ningún deseo que cumplir para los supuestos huéspedes ni tenía ningún plan para ellos. Su vida tenía un componente mucho mayor de ociosidad que de compromiso con su entorno, excepto cuando lo que sucedía a su alrededor era inmediato y vívido, como un vaso de agua cayendo.

Llamamos a muchas cosas alucinación por falta de vocabulario. Si *arriba* se convierte en *abajo* y *allí* se convierte en *aquí*, puede entenderse perfectamente que lo *ausente* se convierta en *presente*. Stella parecía querer decir que *había* experimentado un acontecimiento, no *dónde* ni *cuándo*. Una analogía que podría aplicarse sería la de una civilización que tuviera una sola palabra para definir cualquier tipo de refugio para las inclemencias del tiempo. Para ellos, una tienda, una cueva, un agujero en el suelo, un sombrero o un paraguas serían exactamente lo mismo. A un visitante extranjero le costaría un buen rato comprender qué quería decir esa gente al afirmar que un hombre vivía en su sombrero.

Cuando aún podía elaborar frases completas, había preguntado a su hermana: «¿Cómo está papá? —llevaba muerto veinte años—. Ayer recibí una carta suya».

Mirando algún álbum de fotografías antiguas puede que hubiera visto algo, quizás una carta, que hizo que tuviera a su padre presente.

El año pasado, en una de esas fases que se dan durante un corto momento, como entrar en el coche una vez con el pie equivocado por delante, creyó que los locutores de televisión se dirigían a ella personalmente. Los conocía de haberlos visto antes, así que merecían respuesta. Hubo una serie de breves diálogos entre Stella y el presentador Sam Donaldson. No volvió a pasar.

A veces, lo que tenía la apariencia de ser irracional (y requeriría responder «sí» en el cuestionario mensual de la clínica a la pregunta «¿Tiene el paciente alucinaciones?») era simplemente un error de observación transmitido con unas palabras equivocadas. Cuando me dijo que había visto a Jack Nicklaus jugar al golf en nuestro jardín, me quería decir que había visto la imagen del golfista en la televisión reflejada en una ventana que da a nuestro jardín. Estas ilusiones son reales en el mismo sentido que lo son las películas, que están realmente en la televisión pero que al mismo tiempo carecen del definitivo poder de existir. Las alucinaciones que tenía Stella eran de este tipo. Su relación con ellas no era vinculante. Eran películas, farsas, provenientes de hechos reales que habían sido comprimidos en lo que respecta al tiempo, género, dirección y lenguaje hasta llegar a una dimensión alucinatoria.

Cuando, durante los chequeos en la clínica, abrían la carpeta por la página de las alucinaciones y me preguntaban si Stella había tenido alguna, yo les informaba cumplidamente y ellos lo anotaban. No les imponía mis propias teorías al respecto. Ya tenían suficientes teorías por su cuenta. Tomaban sus apuntes y pasaban a otra página.

Desde el fisioterapeuta al recepcionista, desde el técnico hasta el especialista a cargo del caso, todo el personal de la clínica siempre es cortés y atento, pero jamás olvido que está allí para acumular datos en una investigación que realiza para una empresa multibillonaria que quiere convencer a la FDA de que tiene una droga útil y segura que comercializar en el mercado. La clínica no está allí para alentar o prevenir las alucinaciones, sino para dispensar las dosis del medicamento, anotar los sucesos y alimentar los datos en una gráfica.

Las alucinaciones fueron una fase que llegó y se fue. Puede que la conciencia de Stella esté tan repleta de confusiones de espacio y tiempo que ni siquiera reconocemos que no nos damos cuenta de cuándo se añade una más. ¿Cómo íbamos a saberlo? Puesto que ya no mantiene lo que podríamos llamar un diálogo con su familia, aunque sí mucha comunicación, es tan lógico que interactúe con una presentadora de la televisión como que interactúe con nosotros. Los paisajes de la televisión le pueden parecer tan reales como lo que ve a través de las ventanas. Si en el Alzheimer nunca se recuperan capacidades, ¿cómo iba a ser una excepción la capacidad de distinguir entre lo real y las alucinaciones?

El moderador de nuestro grupo de cuidadores se sirve de todo lo que se le ofrece. ¿Así que el marido de Daisy tenía alucinaciones?

—¿Su marido conduce? —a nadie se le exculpa de un accidente por tener alucinaciones al volante.

—Oh, sí.

—¿Conduce bien? ¿Ha notado algún cambio en su manera de conducir?

—No demasiado. Le gusta que vaya con él cuando coge el coche. Prefiere que conduzca yo. Somos personas muy diferentes y lleva algún tiempo acostumbrarse el uno al otro. Sólo llevamos casados dos años.

—Por supuesto —dijo el moderador para que siguiera hablando.

—El doctor dijo que estaba en la fase cuatro del Alzheimer.

Uno de los veteranos no pudo contenerse.

—¡Nadie que esté en la fase cuatro conduce un coche! ¡La fase cuatro es estar inútil en una silla de ruedas sin ser capaz de reconocer ni a tus propios hijos! A ese doctor habría que demandarle al colegio médico.

El moderador percibió que había una confusión.

—¿Es posible que dijera la primera fase? A veces no oímos exactamente las cosas con las que no estamos familiarizados.

Daisy coincidió en que era posible. Su expresión era tan imperturbable como la del moderador, pero se había descubierto. No sabía nada. Nunca antes había visto a un cuidador que pareciera no tener la menor idea de lo que estaba pasando. Dos años casados, su marido pensaba que había alguien arriba y apenas había empezado a preocuparse ahora.

El moderador sacó dos pequeños folletos.

—Lléveselos. Puede que encuentre en ellos algo de lo que necesita. Hablaremos después —y volvió su atención hacia la mujer cuyo marido había fallecido.

Una hora pasa deprisa. El moderador miró su reloj.

—Bueno, ya es la hora —dijo—. Nos vemos otra vez el segundo miércoles.

Nos levantamos lentamente, mientras hablábamos con los que teníamos al lado, y Daisy se marchó tan discretamente como había entrado. No se le había dicho nada desde que había tomado los folletos. El moderador se dio cuenta de que le había quedado ese tema pendiente y pensó en hablar con ella, pero se marchó tan rápido que apenas habría podido hablar con su espalda.

Había venido a la reunión con su pregunta sobre el Alzheimer y con un marido al que no conocía muy bien. ¿Era realmente tan tonta? Yo me había hecho esa pregunta sobre mí mismo cuando durante meses Stella tuvo Alzheimer y yo no supe reconocerlo. ¿Había oído Daisy lo suficiente? ¿Había encontrado algo útil en uno de esos folletos?

Moviéndome deliberadamente deprisa, como un hombre que quiere ponerse al principio de la cola pero sin que se note, me lancé a interceptarla en las escaleras o en el aparcamiento. Su coche era un viejo dos puertas que aún parecía inmaculado, el tipo de coche que dejas aparcado en la calle al final del verano y recoges al año siguiente. Levanté la mano para captar su atención.

—Disculpe, no quiero entrometerme. Quizás el moderador le hubiera dado algún buen consejo si no se hubiera marchado…

La noté tensa. Por un momento, tuve la ridícula y vanidosa impresión de que creía que estaba intentando ligar con ella. Pero lo que ella veía era a alguien más viejo que su padre, sin afeitar, que llevaba una camisa tejana con el cuello abierto y con el bolsillo del pecho manchado de tinta, pantalones arrugados y mocasines. Un vagabundo local.

Le pregunté si conocía la oficina de la Alzheimer's Association en Hyannis. Se relajó un poco.

—Creo que no.

—La dirección y el teléfono deben de venir en uno de esos folletos. Intente hablar con Ina Krillman. Contestará a todas sus preguntas y le dedicará tanto tiempo como haga falta.

—Bien, muchísimas gracias —dijo, queriendo decir apenas gracias a secas.

—¿Le molestaría si le pregunto si tiene familia con la que compartir esto?

—No, no me molesta. No tengo hijos y la familia de Hugh —probablemente decidió confiar más en mi anonimato que en mi probidad— no aprobó precisamente que se volviera a casar. No es que tengamos mucho contacto con ellos —lo dijo en tono neutro, sin arrepentimiento, describiendo la situación tal y como era.

—No son buenas noticias, pero esas cosas se pueden arreglar —si por arreglarse se entiende que siempre hay un mañana, lo que puede afirmarse hasta el fin del mundo—. Llame a Ina. Tiene mucha experiencia y es comprensiva. Se puede hablar con ella.

Sé que lo hizo porque luego pregunté a Ina. Ya eran días laborables y las vacaciones de Daisy se debían de haber acabado. Ina no descubrió ni una sola de las confidencias de Daisy, pero añadió algo que yo ya sabía: «Le sugerí que visitaran a un doctor tan pronto como volvieran a Rochester y tratara de que, en cuanto recibiera un diagnóstico fiable, su marido comenzara a recibir medicación. Le di el número de nuestra oficina en Rochester».

—¿Cree que se derrumbará y abandonará el matrimonio?

—No lo sé. No la culparía si lo hiciera, pero me parece que es una chica dura. No es probable que se derrumbe, pero podría hacerlo como consecuencia de una decisión calculada, que es algo completamente distinto. Y yo no soy quién para juzgarla. Lo que sí creo es que desde que hablamos sabe exactamente a qué tendrá que enfrentarse.

No volví a aquel grupo de apoyo durante varios meses y me olvidé completamente de Daisy hasta que la vi entrar, no de forma anónima como la otra vez, sino como una habitual que conocía a los demás. Dado que estaba seguro de que hacía tiempo que se había ido, me sorprendió verla. Sin dar muestras de que nos conocíamos, se sentó a mi lado. Comenzaron las conversaciones y conseguí reconstruir lo que los demás ya sabían. Había tenido que enfrentarse a elecciones duras, más complicadas si cabe porque Hugh aún tenía suficiente capacidad como para hacer muchas cosas por sí mismo y se resistía a sus esfuerzos para compensar las habilidades que había perdido. Ella había decidido que vivirían todo el año en Cape Cod, donde tenía más gente con la que poder hablar sobre el Alzheimer.

La charla derivó hacia el hecho de vagar, uno de los temas que forman parte del canon del Alzheimer. Se contaron historias de vagabundeo. Daisy dijo que a Hugh nunca le había pasado. A veces se sentía desorientado y no sabía dónde estaba, pero se quedaba en casa, sin vagar nunca. Esperé a oír lo que seguramente los demás ya sabían (¿seguía conduciendo?), pero no salió el tema.

—Acabará vagando —dijo una de las mujeres.

—No saldrá de casa sin mí —dijo Daisy—. Cuando estoy fuera, espera a que vuelva a casa. Si no, no pasa del porche —podría estar hablando de un perro labrador.

—Acabará vagando —repitió la mujer.

—¿Lleva un brazalete de Safe Return? —preguntó otra mujer.

—No, no lo necesita.

—Todos vagan —dijo la mujer.

—Acabará vagando —insistió la otra.

Estaban acosando a Daisy y el moderador estaba dejando que eso pasara.

—Quizá sí, quizá no —me sorprendí a mí mismo mientras lo decía—. Cada caso es distinto.

—Exactamente —coincidió el moderador y pasó a hablar de un nuevo folleto que le había llegado de la asociación.

Cuando acabó la sesión me levanté y aparté mi silla de la mesa para hacer sitio a Daisy. Se levantó con tal energía que yo esperaba que continuase girando hasta que quedase mirando a la puerta y se fuese. En lugar de ello, se paró cuando quedamos cara a cara, a menos de un brazo de distancia, y examinó mi cara, me pareció que centímetro a centímetro, comenzando por mis ojos, viendo, como se veía con un espejo de aumento, dónde empezaba y acababa mi barba, que mis labios eran delgados y largos, que mis orejas estaban pegadas a mi cabeza (intuyendo quizá que eso era el producto de una operación doble de mastoides cuando era pequeño) y volviendo de nuevo sin prisa a mis ojos. Por necesidad, yo hice lo mismo con ella. No era la cara que recordaba del aparcamiento, el producto de una clase particular de vida de diletante de club de campo, gestado por mi propia invención, que había sido creado a partir del lazo violeta con que se sujetaba el pelo. En la cara que ahora veía se expresaba aquello que Ina había visto en Daisy y que yo no había sabido ver.

—Gracias —dijo. No sé si por apartarme, por sugerirle que visitara a Ina o por intervenir en la discusión sobre el hecho de vagar. Y no lo sabré nunca, puesto que no cruzamos ninguna otra palabra y nunca la he vuelto a ver. Psicológicamente esperamos más de una narración como ésta, pero la vida, tal como es, está llena de encuentros breves que dejan profunda huella.

Vincent Devlin también desapareció tras varias reuniones. Su esposa estaba en el ala de enfermos de Alzheimer de la residencia. El mismo Vincent podía estar en los aledaños de la enfermedad. Había sido director de escuela en Connecticut y se sorprendía a sí mismo, no sin divertirse, viviendo con un intelecto y un vocabulario cada vez más deteriorados. Se le escapaban las palabras. Se paraba y abría la boca buscando el término que había perdido, sintiendo que tuviéramos que esperar mientras buscaba. A veces palabras plausibles que no eran lo que había querido decir aparecían en su boca. Yo le tenía simpatía, pues eso era algo que también me pasaba a mí. Nos dijo que el nuevo problema de su mujer era una apnea en la rodilla.

—¿Apnea en la rodilla? —repitió el moderador, intentando comprender. ¿Una rodilla que tenía problemas de respiración?

—Sí… oh, no, no, no —rió Vin, abriendo sus manos hacia mí en una leve petición de disculpa—. Edema, quiero decir edema. Se le ha inflado la rodilla.

Instintivamente me cayó bien y, por el modo en que me dirigía sus comentarios y disculpas, entendí que me había escogido como, dicho con el imaginativo concepto de Kurt Vonnegut, un miembro de su *karass*: no un club ni una iglesia ni un vecindario, nada que pudieras delimitar, sólo la sensación, contraria a la razón, que tenemos con alguna gente que conocemos al azar de que nos hemos conocido en otra vida. Me imaginé que su mujer tenía tan poca conciencia de sí misma como Stella, mientras que Vin era perfectamente consciente de que estaba perdiendo facultades, aunque a qué velocidad y hasta qué punto él no lo podía prever. Y tendría que hundirse mucho en el Alzheimer antes de perder la plena conciencia de lo que le sucedía.

Pensé que, por mi experiencia, podría serle útil como no podrían serlo un sacerdote o un doctor, pero, antes de que me animara a abordarlo, dejó de venir. Sólo nos reuníamos una vez al mes, así que necesité una segunda ausencia para confirmar que ya no estaba con nosotros. El moderador nos dijo que tenía entendido que los Devlin se habían mudado al Medio Oeste para estar cerca de una hija que iba a cuidarles. Le envié una nota diciéndole que le echábamos de menos y deseándole que le fuera bien. Si la recibió o no, no puedo decirlo, pues no volví a saber de él. La misma naturaleza de los grupos de apoyo de cuidadores es que continúan con un cargamento constantemente renovado de inocentes, como Daisy, Vin o yo, que van adquiriendo conocimientos. A menudo lo que aprendemos ya no nos es útil a nosotros, pero puede que aún tenga mucho valor para otros.

7

Otra manera

Las cenas fuera se convirtieron en cenas en casa conforme se agravaron los problemas de Stella con las cucharas, los tenedores y con su capacidad para andar. Cruzar la sala de un restaurante o caminar sobre las losas hasta la puerta de entrada de la casa de un amigo era demasiado para ella. Sin que hubiera ninguna señal en los análisis de sangre ni ningún momento traumático con trayecto a medianoche en ambulancia incluido, pasó en unos pocos meses de necesitar ayuda esporádicamente a no poder caminar más que con entrecortados pasitos de *geisha*, tanteando para asentar el pie como si estuviera cruzando un riachuelo a través de rocas llenas de moho. Sus pies nunca abandonaban el suelo. Pensé en Anteo[1] como un hombre de mi edad con Alzheimer aunque, por lo demás, en muy buena forma.

El lunes sabía cómo cepillarse los dientes. El martes lo había olvidado. Cuando nos encontramos con un camino bloqueado, los que estamos sanos buscamos un camino alternativo. Estamos habituados a que, si no hay recuperación posible para una lesión, los nervios y músculos aprendan una manera alternativa de hacer las cosas que nos lleve al mismo fin. Por ejemplo, lo intentamos con la otra

---

1. Gigante de la mitología griega, hijo de Poseidón y Gea. Era invencible mientras tocaba a su madre Gea (la tierra). Por tanto, Anteo procuraba no despegar nunca los dos pies del suelo. *(N. del t.)*

mano. El enfermo de Alzheimer no tiene los recursos para buscar otra manera de hacer las cosas: esa tarea queda para el cuidador.

Mientras Stella miraba el cepillo y la pasta de dientes como si fueran objetos extraterrestres para los cuales no había ningún uso conocido, puse pasta en el cepillo y se lo puse en la mano.

—Es hora de cepillarte los dientes, Stell.

Para lo que me sirvió, igual le podía haber dado el cubo de Rubik. Moviendo hacia arriba su reticente mano, le acerqué el cepillo hasta los dientes. A partir de allí encontró la marcha correcta y continuó sola, acabando la tarea con vigor, arriba, abajo, los de delante y los de atrás. Desde entonces, durante un año, se lavó los dientes cada mañana y cada noche con competente entusiasmo, pero sólo después de que alguien le pusiera el cepillo contra los dientes. Al final, se olvidó completamente de cepillarse los dientes y la ayudante o yo lo hacíamos por ella.

Su creciente incapacidad para comer por sí misma era desconcertante. Era prácticamente imposible hacer que soltara la barra de seguridad del baño sin su reticente consentimiento, dedo a dedo, y, sin embargo, su cerebro no era capaz de realizar el proceso de llevarse comida del plato a la boca con la cuchara. Se sentaba durante una hora mirando la comida sin interés y sin responder a mis astutas maneras de tentarla. De vez en cuando, de forma imprevisible, sólo lo suficiente como para hacernos pensar que la idea de alimentarse sola aún estaba allí, cogía la cuchara y la usaba con un helado o una salsa de manzana o untaba algo en un pedazo de pan (mantequilla de cacahuete y mermelada, requesón o ensalada de huevo). No repetía la operación más allá de varios bocados, lo suficiente como para limar el filo del hambre, pero nada más.

—¿Querrías unas nueces?

Aceptó una con placer, pero después hizo caso omiso del bol lleno que tenía a su lado en la mesa. En cambio, si alguien se las llevaba a la boca, comía una tras otra tan rápido como alcanzaba a masticarlas sin atragantarse.

Fuimos probando diversas hipótesis. Si ponía un pedazo de queso en una tostada, ¿por qué no podía añadir, si le dábamos tiempo, suficientes pedazos como para que sumados equivalieran a un bocadillo? Si la dejábamos sola con su apetito y un plato lleno, ¿no entendería que dependía de sí misma? En efecto, pero sólo si la dejábamos una hora o dos, e incluso así apenas comía unos pocos pedacitos.

¿Y si llenábamos la cuchara con sémola y le dejábamos el resto a ella? Su invariable respuesta era dejar caer la cuchara. En alguna parte de su proceso mental había aprendido la regla de que, si encontraba una cuchara o un tenedor en su mano, debía dejarlos caer sobre el plato.

La mayoría de las pérdidas no fueron tan rápidas como el acto de lavarse los dientes, sino que tardaron meses en confirmarse. Stella continuó comiendo ella sola al menos algunos de sus alimentos favoritos, como la salsa de manzana o cualquier cosa con chocolate. Conforme fue pasando el tiempo, cada vez era menos frecuente que comiera por sí misma y, finalmente, dejó de hacerlo por completo.

Continuamos con la instrucción: uno de nosotros se sentaba a su lado con una cuchara y esperaba a que hubiera acabado de masticar y tragar el bocado. Entonces aceptaba otro. Si un ayudante, queriendo acabar pronto, llenaba demasiado la cuchara, Stella sacudía la cabeza o no tomaba la cucharada entera. Abría los labios, pero cerraba los dientes. Le temblaba la mandíbula, como si estuviera intentando abrirla. De pronto, su boca se abría como si tuviese un muelle y se cerraba tan pronto que sólo dejaba pasar una fina loncha de albaricoque. Stella mordía, masticaba largo rato y mostraba que disfrutaba de la comida lo suficiente como para hacernos comprender que tomaría más si no cejábamos en nuestro empeño.

Entonces, sin motivo aparente, cambiaba de ritmo durante el curso de la comida y aceptaba sin resistencia cualquier cosa que le ofreciéramos y daba cuenta de una notable cantidad de alimentos mientras yo contaba mentalmente las calorías con la vista puesta en el objetivo de las cuatrocientas: ¡gol! El resto de aporte energético

153

que su cuerpo necesitaba lo ingería a sorbitos y pequeños mordiscos. Sorbía cada día una o dos latas de suplemento dietético alto en calorías y proteínas. Su peso no bajó más allá de medio kilo cada año. El sucesor del doctor Loughrand nos felicitó por ello.

Empezó a olvidarse durante comidas enteras de cómo ordenar a su boca que se abriera. Abría los labios, pero los dientes seguían apretados. Aprendí a meter el pulgar como una cuña entre sus dientes. Con ello a veces su boca se abría como si yo hubiera apretado un resorte. También a veces se cerraba de golpe sobre mi pulgar. Durante todo el proceso, Stella intentaba con tanto esfuerzo como nosotros encontrar el código que abría el camino para la comida que deseaba. Conforme las comidas se alargaban, se cansaba por el esfuerzo de concentración. Su cabeza, que ya por naturaleza estaba inclinada hacia adelante por causa de la osteoporosis en sus cervicales, cayó aún más, haciendo más difícil acceder a su boca.

Yo odiaba tener que forzarla a subir la cabeza para poder darle las cucharadas de comida. Odiaba esta tarea mucho más que cualquier otra que los demás pudieran encontrar más desagradable. Me parecía que alimentarla de esa manera menoscababa la mucha humanidad que aún conservaba. Me empezó a preocupar que nos estuviéramos enfrentando a un problema insoluble, así que pedí consejo a una terapeuta. Me dijo que era posible que pronto tuviéramos que alimentar a Stella a través de un tubo. Fue uno de los pocos momentos en que realmente me sentí al borde de mi resistencia. Salí de su despacho con los ojos húmedos.

Respecto a lo que yo consideraba «pronto», la terapeuta estaba equivocada. Buena parte de la solución al problema de la alimentación llegó en un momento de inspiración: en lugar de comer en la mesa, le dábamos la comida en su tumbona, reclinada justo lo suficiente como para que su cabeza quedara recta. Existe la convicción generalizada de que comer estirado o incluso hacer la digestión estirado causa problemas digestivos, pero para algunas personas, especialmente para las que tienen las cervicales desviadas hacia adelante, recostarse algunos grados puede aportar una ayuda crucial.

Nos encontramos con un nuevo doctor de cabecera, el doctor Milton, pues el sucesor de Loughrand restringió mucho su lista de pacientes por motivos de salud. Pronto comencé a apreciar y a respetar al doctor Milton por el tipo de preguntas que hacía y la atención que ponía al escuchar las respuestas. Había visto a Stella en una ocasión para una revisión completa y luego otra vez por un problema digestivo. Finalmente, la solución de recostarse para las comidas dejó de funcionar y visité a Milton en busca de otro recurso: «Parece que ha olvidado cómo abrir la boca. No es que no quiera comer. Simplemente parece que no puede hacer llegar el mensaje hasta su boca. Consigue abrir los labios, pero los dientes siguen bien cerrados. ¿Cómo podemos darle de comer?».

Ya habíamos dado todos los pasos obvios, haciendo que la mayor parte de su dieta consistiera en líquidos altos en calorías, potitos y purés caseros que bebía con pajita. Habíamos probado utilizar cubiertos de plástico, menos peligrosos que los de metal al intentar conseguir pasar la comida entre los dientes inferiores y superiores. Las porciones eran pequeñas. Le dábamos tanto tiempo como necesitara, siempre atentos a los momentos en que estaba receptiva. Stella no era la primera persona con problemas para ingerir alimentos a la que Joan y Grita habían dado de comer.

Su cara se desfiguraba por el esfuerzo de sorber pequeños tragos de líquido mientras nosotros la animábamos: «Un poco más. Abre los dientes». Con una persistencia y una paciencia infinitas, Grita y Joan conseguían cumplir con la cuota de calorías, pero el centro de día abandonó: «Sentimos decirle que hoy no ha comido ni bebido nada». Recuperábamos la pérdida de calorías en casa con más bocados y más horas. Aun así, ninguna estrategia funcionaba bien: Stella estaba comiendo muy poco. Nos estábamos quedando atrás porque sólo le dábamos líquidos. El esfuerzo la dejaba tan agotada que se quedaba dormida en la mesa.

Éste fue el problema que le llevé al nuevo doctor de Stella. Mientras hablábamos, él se tocaba la mandíbula con los dedos, buscando un punto de presión para abrirla, poniéndose en el lugar de Stella. Obviamente, antes no había tenido que resolver nada parecido. Le dije que el punto que buscaba estaba justo delante de la articulación de la mandíbula, pero era doloroso y debía reservarse para emergencias, aunque quizá si lo repitiéramos mucho podríamos hacer que ella abriera la mandíbula de forma refleja ante la mínima presión para evitarse el dolor. Ya lo había pensado y no era una opción que me gustase. ¿Alguna cosa más?

Me dijo que su esófago podría perder fuerza, añadiendo a la dificultad de comer la dificultad de tragar.

Ésos eran los problemas. ¿Cuáles eran las soluciones? El doctor Milton me dijo que, si alguien sabía sobre el tema, eran las enfermeras. Ya había intentado hablar con la enfermera de una clínica especializada en nutrición, pero su área de conocimiento empezaba en la boca, tras los dientes, donde no podíamos llegar. Había preguntado también a nuestro dentista y a su asistente cómo llegaban a limpiar la cara interior de los dientes si la mandíbula no se abría. No tenían ningún método fijo. Improvisaban sobre la marcha, probaban suerte y a veces lo lograban y otras no.

Fui a ver a una enfermera de la sección de Alzheimer de un hogar de ancianos donde residían cuarenta enfermos que padecían todas las fases de la enfermedad, con todos los diversos grados de deterioro. Entre ellos debía de haber algunos casos recalcitrantes de rechazo a los alimentos. Pero la enfermera no sabía más que Grita, Joan o yo.

Aunque, de hecho, sí sabía una cosa más que se creyó en la obligación de decirme: «Más pronto o más tarde rechazan la comida. Es la señal de que se acerca el final».

El aviso era burdo y sombrío. Aunque venía del observador más experimentado que pudiera imaginar, el hecho es que había olvidado un elemento clave: «Ella no está rechazando la comida. Intenta abrir la boca y no lo logra. Una vez la comida está dentro, la disfruta. Disfruta masticando. Disfruta de muchos tipos de comida después de que conseguimos hacerlos pasar entre sus dientes».

La enfermera no sabía cómo podíamos hacerlo mejor de lo que lo estábamos haciendo ahora.

Hablé con todo el mundo y leí todo lo que pude encontrar, incluso un texto extraído de Internet por alguien de la oficina de mi hija: «El tratamiento de la disfasia neurogénica». Desafortunadamente, el texto empezaba en el mismo lugar que la clínica de nutrición: tras los dientes. (Aun así, me fue útil para informarme de las maneras en que la comida podía introducirse en el aparato digestivo sin pasar a través de los labios. Sin pretenderlo, el artículo me convenció de que jamás aplicaría a mi mujer ni a nadie que estuviera a mi cuidado tubos nasogástricos. Tampoco creo que yo tenga suficientes ganas de vivir como para que quiera que me los apliquen a mí, a no ser que sólo fuera durante un día o dos con el objetivo de llevar a cabo un test u otro tratamiento temporal.)

Un día vi en una droguería un pequeño sifón de plástico hecho para alimentar a bebés. El aparato aspiraba un poco de líquido y lo dispensaba al apretar con el pulgar. Se podía introducir en el hueco interior de la mejilla para colar dos o tres centilitros de nutriente.

Este aparatejo de dos dólares se convirtió en la espina dorsal de nuestro régimen alimenticio de líquidos y semisólidos, y hasta el día de hoy sigue siendo el responsable de la mitad de los nutrientes que ingiere Stella. Les dije a mis hijos que, si alguna vez yo entraba en un hogar de ancianos, prestaran atención ante todo a la cuestión de la alimentación, usándola como la clave a partir de la cual evaluar el resto de servicios del centro, y les pedí que se aseguraran de que allí conocieran el alimentador de bebés.

Estoy seguro de que miles de enfermeras y cuidadores conocían el aparato, pero nadie nos dijo nada. Se lo conté a la enfermera de la sección de Alzheimer y al doctor Milton. Se han escrito tesis doctorales por menos. Aunque también es posible que lo del alimentador fuese tan conocido por todos que nadie pensó que nosotros lo desconociéramos.

Nuestras mayores preocupaciones eran que Stella comiera y caminase, pues si comía y caminaba con facilidad habríamos conseguido aportar cierto grado de normalidad a su vida. Le pregunté al neurólogo si había algo que se pudiera hacer respecto a sus cada vez mayores problemas para caminar o incluso para andar arrastrando los pies. No, claro, se trataba del Alzheimer.

—Hay tres maneras de caminar: la manera normal, con los brazos oscilando; la manera del Parkinson, con los brazos rígidos pegados al cuerpo; y luego está la manera de arrastrar los pies del Alzheimer. ·

Así pues, desafortunadamente no había manera de caminar.

El neurólogo era un hombre afable, pero no parecía estar tremendamente interesado en sus pacientes, o al menos en esta paciente en particular. Había visto un programa en la tele la noche anterior y quería contármelo y enzarzarme en una discusión sobre la vida sentimental de las estrellas de cine. Sobre la forma de caminar de Stella, nada podíamos hacer.

Pero se me ocurrió algo. No duró mucho, pero era algo. Un día la apremié, al son del *dam-ta-dam-dam* de «Stars and Stripes Forever»,[2] a que diera pasos largos levantando mucho las rodillas. Al instante despegó el pie del suelo, alzó la rodilla y se puso a desfilar. Sonrió llena de alegría hasta que unos pasos más tarde perdió el ritmo. No pude convencerla de que volviera a intentarlo enseguida, pero días después de este descubrimiento inicial seguía respondiendo a la orden de: «¡Desfila!». Aparentemente, los caminos neurales de desfilar son diferentes de los de caminar. Si el neurólogo conocía este dato, no lo compartió conmigo.

A menudo me impresionaba el poco interés que incluso personas expertas demostraban por el conocimiento que estaba justo a la vuelta de la esquina de sus especialidades. Del mismo modo, es frustrante oírles hablar de «comunicación» como algo que ellos estu-

2. «Barras y estrellas», famoso himno militar estadounidense que se interpreta en múltiples ocasiones. (*N. del t.*)

dian habitualmente y comprobar que no parecen entender que, hasta que la información no se recibe, no se producen los cambios. Es muy poco probable que lo que sabe un lego no lo sepan los profesionales. Luego supe que un terapeuta conocía lo de desfilar y también que sucedía lo mismo al bailar.

Para mover a Stella de la tumbona al porche, la cogía de las muñecas y la levantaba. Ella aceptaba mi guía con gusto y bailábamos un poco hasta que volvía a arrastrar los pies durante el pequeño tramo que le quedaba hasta su destino. Una de sus fotografías del anuario de su escuela la muestra llevando el vestido de gasa del Club de danza. Yo nunca pasé de ser un soso bailarín del 4 × 4 y me encontraba en mi terreno bailando canciones lentas, aparcado en un rincón de la pista, abrazado a ella y oscilando a un lado y a otro. Ahora, ya mayor, lo hacía mejor mientras le cogía las muñecas y bailábamos hacia atrás atravesando el vestíbulo con sus pies tambaleándose hacia delante. Le gustaba mucho más hacerlo así que con el andador, que, como si fuera una ouija con voluntad propia, se iba una y otra vez contra las patas de las sillas y los marcos de las puertas.

Nunca le cogió el truco al andador. Un día la cronometré mientas caminaba desde el dormitorio, atravesaba el vestíbulo y otra habitación hasta llegar a su tumbona. Era una distancia de unos quince metros, a una velocidad de medio metro por minuto, atrancándose en las jambas de las puertas y en los muebles, avanzando a pasitos minúsculos. Abandoné el empeño antes de que llegara a su destino (Stella no había abandonado) y moví el andador dos centímetros para desatrancarlo de la pata de la mesa. Bailar era mejor.

Ese año celebrábamos la Navidad en casa de mi hijo. Los chicos me preguntaron si no sería mejor que cambiáramos la habitual rotación y celebrásemos la Navidad con mamá en su propia casa, pero yo pensé que ésta podía ser la última vez que tuviera suficiente movilidad para hacer un viaje y que debíamos hacerlo.

Caminamos despacio desde el coche, Stella recostándose contra mí y apoyándose en mi brazo aunque colaborando también, tres pasos arriba hasta el porche. A finales de esa semana apenas se podía tener en pie sin ayuda. A la orden de «¡Desfila!», su maquinaria quería ponerse en marcha, sus ojos demostraban su esfuerzo por moverse, incluso emitía un murmullo motor que a menudo yo había oído cuando estaba esforzándose. Sus pies se tensaban, pero el mensaje no conseguía llegarles. A un lado su hijo y al otro su yerno cargaron su peso muerto hasta el coche. De camino a casa, paré en la tienda de ortopedia y puse una silla de ruedas en el maletero.

Así fue como Stella acabó necesitando una silla de ruedas para moverse más de unos pocos pasos y, en pocos meses, acabó completamente postrada en ella. Necesitar la silla de ruedas tan pronto no debe de ser habitual, pues conozco a cientos de enfermos y sólo algunos necesitaban la silla de ruedas a mediados del tercer año del Alzheimer. La silla de ruedas es inevitable, pero suele venir más tarde. Luego aprendí, cuando ya no era ni siquiera teóricamente útil (y ninguno de los médicos de Stella me previno de ello), que la dificultad para caminar era un efecto posible del Alzheimer, pero no era inherente a la enfermedad, igual que sucedía con la depresión. Tenía su foco en el hipocampo y podría tratarse con un régimen médico diferente al que se aplicaba para el Alzheimer.

Pero Stella no sólo está confinada a ir en silla de ruedas, sino que tampoco puede manejar las anillas que sirven para mover las ruedas. Su cerebro no podía hacer que sus manos se movieran para realizar esa función. La terapeuta física que me dijo «Oh sí, claro, hacemos eso» cuando le conté lo de desfilar no pudo convencer a Stella de emprender el menor acto necesario para mover las ruedas, igual que la logopeda había sido incapaz de conseguir que Stella levantara la voz lo suficiente para que la oyéramos desde la habitación de al lado cuando pedía ayuda. Esos circuitos neurales se habían perdido. En el libro de texto se muestran como enredos de nervios parecidos a la cabeza de una medusa y a células muertas deterioradas. El único medio alternativo de locomoción es que el cuidador empuje. Desmonté los aros y los guardé en un armario, con lo que la silla quedó diez centímetros más estrecha y fue mucho más fácil pasarla a través de las puertas del dormitorio.

Ahora que ya sabía cómo mover la silla en rincones estrechos, la cambié por un modelo más pequeño, buscando la máxima maniobrabilidad con la mínima pérdida de confort. Añadí a la nueva silla un cojín relleno de gel de alta tecnología, lo que la hizo tan cómoda como la grande pero mucho más fácil de manejar a través de los pasillos y marcos de puerta de nuestra casa. Se podía dejar plegada en el coche, tras el asiento del conductor.

Así pues, nos adentramos sin dificultades en el tercer año. Los conocidos que me encontraba en la oficina de correos me preguntaban si aún estaba conmigo, si me reconocía. Les explicaba lo mejor que podía el mundo que aún tenía sentido para ella: nuevos colores que aparecían en el jardín, fotos de casas y presentaciones de mesas en las revistas, tarjetas de Navidad, discos de violoncelistas como Errol Garner o Piatigorsky, y reposiciones de las películas de Fred Astaire. Los canales en los que quería que me detuviese cuando hacía *zapping* (nunca disparos, ni tertulianos que gritasen, ni culebrones y menos partidos de béisbol y baloncesto que el año pasado) eran sobre naturaleza, programas sobre libros, noticias o las comedias de Cosby o Seinfeld.

Sus ojos se enternecían ante sus hijos y nietos y cada vez ante menos amigos. Cuando yo creía que estaba durmiendo, con la presión de la osteoporosis haciendo que su barbilla rozara su pecho, los ojos cerrados, sólo nominalmente presente, de repente resurgía diciéndome: «Te quiero, cariño» y apretaba mi mano cuando yo la ponía entre las suyas.

Yo siempre podía iniciar una conversación, consistente en dos o tres palabras y una mirada atenta, haciendo una pregunta sobre el pasado: «¿Te acuerdas de…?». La gente con la que trabajaba cuando nos conocimos o amigos de su ciudad natal o de la escuela. Stella reconocía inmediatamente y con seguridad de qué le estaba hablando. ¿Se acordaba de nuestra primera casa? Una noche de marzo se nos quemó por una chispa de la chimenea, un espectáculo al que acudieron todos los que estaban despiertos para ver el resplandor y lo suficientemente cerca como para ir a investigar. Aquel día habíamos traído de la lavandería un montón de ropa, justo a tiempo para que se quemase. Salimos en pijama y no pudimos salvar nada, excepto nuestro viejo Ford, que sacamos justo a tiempo del garaje. Stella quería que yo recordase algo más. Ella había rescatado el taburete de la cocina, que recogió mientras salíamos por la puerta de ésta. Cuando se lo dije, asintió.

Volvimos a la mañana siguiente para contemplar los escombros que había dejado uno de los incendios que más concienzudamente había cumplido su labor de arrasar una casa. La chimenea seguía en pie, como suele pasar tras los incendios, como un monumento a su propia maldad. Habíamos vivido en esa casa sólo durante seis meses. En el jardín, entre las escasas plantas que habíamos sembrado en otoño, buscamos los tres rosales que nos había regalado un amigo al mudarnos. Donde habían estado plantados sólo quedaban los tres agujeros que alguien había dejado al arrancarlos. Si el liberalismo no estuviera arraigado en mí de forma tan irreductible, esos tres burdos agujeros dejados en mi jardín después de que el último vecino se fuera a casa hubieran sido lo último que deseara saber sobre la naturaleza humana.

¿Se acordaba de nuestra siguiente casa, más allá de los suburbios, donde ahora han allanado las colinas, cubierto las carreteras y construido un aeropuerto? Había sido la casa de un granjero antes de que una pareja, unos buenos cocineros aficionados, la convirtiesen en un restaurante *country*, con una vieja campana de rancho puesta junto a la carretera que le daba el nombre y la marca comercial. Los platos de pollo que ofrecían los domingos no debieron de ser lo suficientemente atractivos como para que la gente se animara a conducir hasta tan lejos por una carretera tan poco transitada. El agente inmobiliario pensó que podríamos convertirla de nuevo en una vivienda: una casita blanca con un gran jardín, gran parte del mismo consistente en hierbajos segados muy cortos, embutida en uno de esos giros bruscos de una antigua carretera que te hacía pensar que habían construido la calzada tan deprisa que patinaron y casi chocaron con la casa antes de recuperarse y volver al trazado.

—La campana de la comida —dijo ella.

Los cocineros habían dejado la campana con la que anunciaban la comida colgada de un árbol a la entrada de la finca. Los chavales del lugar que pasaban por allí de noche hacían sonar la campana y salían corriendo, aunque no tan a menudo como para que nos rindiéramos y la quitáramos. Stella se tronchó de risa.

—Te estás acordando de la campana —le dije.

Emitió un sí enfático.

—Te estás acordando de la tarde de domingo en que Dan y Annie vinieron a hacer un picnic, el verano antes de Pearl Harbor.

Quería que le diera más nombres.

—Tom y Duck también estaban allí.

Y más. Era como un concurso de palabras y nuestro equipo estaba ganando. «Barbara...» y otro Tom que venía con Barbara. «Fred...» y otra Anne, a la que nunca llamábamos Annie, que venía con Fred.

Siguió señalándome con el dedo para que continuase hasta que los hube nombrado a todos, incluso al coche que entró en el camino de casa y a un hombre y a una mujer que no conocíamos y que bajaron del coche, mirando alrededor sorprendidos, esperando encontrar otra cosa diferente a gente haciendo un picnic en el jardín. Me acerqué y el visitante me preguntó si servíamos comidas.

Le expliqué que aquello ya no era un restaurante, que llevaba un año siendo nuestra casa.

—Pero comimos aquí... ¿fue el mes pasado? —miró a su acompañante para conseguir confirmación. Quizá dos meses, como máximo.

Le expliqué de nuevo que hacía un año que aquello no era un restaurante y se fueron sin estar muy convencidos. Todo esto aún estaba guardado en la cabeza de Stella: los visitantes saliendo de nuestro camino, pasando frente a la campana, con el brazo del conductor señalándola a través de la ventanilla, culpándome de haberle confundido. Lo recordaba tan bien como yo, quizás incluso mejor.

Su memoria no se deshizo del modo ordenado en que los recuerdos se disuelven tras una contusión. Teníamos un amigo que se lanzó el primero por una pista de esquí y se estrelló cuando los demás aún estábamos peleando para ponernos bien los esquís. Sin sangre a la vista pero conmocionado, parecía reconocernos, aunque no demasiado bien. Su hermano, un doctor, lo examinó detenidamente y nos dijo que lo lleváramos a la cabaña y lo mantuviéramos caliente. Cada pocas horas, durante tres días, le hacíamos preguntas para comprobar cómo estaba su memoria mientras se iba recuperando de la conmoción. Al principio parecía no recordar nada hasta que nos remontamos veinticinco años atrás y le preguntamos por el presidente que siguió a Wilson. Conforme se iba recuperando, íbamos avanzando. ¿Y el que vino después de Harding? ¿Recuerdas el ratón Mickey? ¿El *crack* de la Bolsa? ¿Pearl Harbor? ¿La bomba atómica? ¿La televisión? ¿La fiesta de Lacey?

La única pregunta que se le resistió hasta que ya estábamos haciendo las maletas para volver a casa fue la de cuántos hijos tenía. Los presidentes eran simplemente una prueba, pero los niños no debían ser olvidados. La memoria de Jack fue desplegándose como las páginas de un calendario, una tras otra en orden cronológico. Con Stella, conforme más atrás nos remontábamos, más recuerdos tenía, pero se trataba de una regla muy relativa: algunas páginas podían faltar en cualquier año.

Periódicamente, la clínica le hace preguntas como la que se le resistía a Jack. Ella también es reticente. Incómoda al sentirse interrogada, aparta la cara y me mira a mí para que la ayude, pero no lo tengo permitido. «Seis», contesta. No puedo seguir sentado y contemplar sencillamente cómo se debate. ¿Por qué es tan importante para ellos? Saben que su memoria no funciona. Están acumulando datos para su investigación a costa de causarle un grave daño emocional, mayor incluso para mí que para ella, que yo no estoy dispuesto a aguantar.

—Sí —interrumpo—. Estás contando también a los nietos. Está muy bien.

La cifra también es incorrecta contando a los nietos. La diferencia entre hijos y nietos no tiene sentido para ella, pero sabe que son suyos. Le digo a la clínica que no quiero saltarme sus protocolos, pero que si quieren que Stella responda a preguntas que no son meramente difíciles, como las de números, sino que también implican un factor emocional, preferiría que me las dejasen a mí. Yo le preguntaría a mi manera y les haría saber las respuestas.

Mi método es fingir que mi propia memoria, que ya de por sí es lo suficientemente mala, está aún peor.

—No puedo acordarme del nombre de aquella amiga nuestra, la mujer que viene y pasa un par de días contigo cada semana. ¿Cómo se llama?

Seguro que lo sabe, pero no puede decirlo. Cuando yo lo recuerdo y digo «¡Grita!», el tipo de asentimiento que me da, la rapidez y la firmeza que conlleva son las pistas que me hacen saber si lo recordaba. Los test de múltiples respuestas los resuelve bien.

Conoce a sus hijos y a sus nietos. Si le pido que, de repente, recuerde un nombre que conoce, es tan incapaz de hacerlo como de recitar las capitales de los Estados. Pero si le ofrezco el nombre correcto, lo reconoce. Si le digo un nombre incorrecto, lo repite murmurando, intentando encontrar dónde encaja. A veces acepta un nombre con reticencias, pensando que me sigue la corriente. Sé cuándo tengo que atribuirlo a que no quiere contradecirme.

—A veces me olvido de mi propio nombre —le digo en tono de broma—. ¿Cómo me llamo?

Su reacción es pensar que la pregunta es graciosa, pero le incomoda la posibilidad de no acertar. Cuando le repito la pregunta y se convence de que realmente lo quiero saber, lo dice: «Aaron».

Para ella, olvidar no es una experiencia notable. Conoce el concepto de lo que es olvidar y sabe que eso le sucede a ella. A veces se siente frustrada y escarba un rato en sus recuerdos antes de dejarlo correr. Espero que el mío sea el último nombre que aún pueda recordar sin que nadie la ayude, pues me ve cada día.

Dentro de mis funciones como médico de cabecera no sólo entraba la gran responsabilidad de escoger a los doctores de Stella y decidir en qué tratamientos experimentales la enrolaba, sino que también me correspondía llevar a cabo tareas menores pero necesarias cada vez que acontecía un incidente médico. Durante el principio de la enfermedad ocurrió un episodio en la mesa. De repente Stella comenzó a emitir sonidos ásperos y apremiantes que eran lo más parecido a un exorcismo o sonido de agonía que jamás le había oído. Estaba doblada sobre sí misma, así que apenas podía verle nada más que los ojos, que mostraban esfuerzo, miedo y súplica. Sus ojos también decían con claridad que confiaba que la gente que era familiar fuera la que le ayudase a superar lo que le estaba pasando.

Llamé al 911 mientras Grita golpeaba la espalda de Stella tan firmemente como se atrevía, considerando la fragilidad de la enferma. Por teléfono me dieron instrucciones sobre lo que había que hacer mientras llegaba la ambulancia que ya estaba en camino.

—¿Hay algo que le obstruya la garganta? ¿Puede meterle un dedo e intentar que lo expulse? ¿Conoce la maniobra Heimlich? Póngase tras ella. Rodéela con los brazos y una sus puños bajo su caja torácica. De un apretón seco y fuerte hacia arriba y adentro. Elévele la barbilla. Ponga su mano bajo su barbilla y levántela.

No podía meter un dedo, sus dientes seguían cerrados. No me atrevía a darle el apretón Heimlich porque temía romperle la espalda. Los quejidos sobrenaturales comenzaron a remitir una vez le hice levantar la barbilla más y más en contra de la resistencia que ofrecía el ángulo de su cuello. Pronto llegó el equipo de la ambulancia. En poco tiempo estaba tranquila y agotada.

Los de la ambulancia creían que la inclinación a la que la osteoporosis forzaba su cabeza había hecho que se le cerrase la garganta. Se había estado ahogando. La gente que la vigilaba debía tener cuidado de no dejar que su cabeza cayera tan adelante. Nos aconsejaron ponerle un cojín bajo la barbilla. Estuvieron todos de acuerdo en que, ya que el problema había llegado tan lejos, debían completar la observación con un viaje al hospital y un chequeo completo.

El personal de urgencias del hospital se empleó con eficiencia: trajeron su historial, le tomaron la temperatura, le hicieron análisis de sangre y radiografías del pecho. La dejaron de espaldas en una camilla mientras esperaban que alguien con autoridad tomase la decisión de enviarla a casa o asignarle una habitación. No se dieron cuenta de que la osteoporosis de las cervicales hacía que su cabeza quedase levantada en una posición muy incómoda. En ese momento Stella estaba sonriendo lánguidamente. Su médico de cabecera —es decir, yo— le puso una toalla plegada bajo el cuello. La arropé con la manta para taparle los hombros desnudos. No le dieron nada de beber durante horas y mi petición de agua se debió de formular en un mal momento, pues no se la trajeron. Encontré una máquina que vendía *ginger ale* y Stella lo sorbió con fruición. No se había quejado. Yo era su conciencia. Cuando, más tarde, bajó la temperatura de la habitación, encontré una segunda manta para taparla.

Decidieron que debía pasar la noche en el hospital. El doctor pasó por la habitación a la mañana siguiente para decirnos que estaba bien. Yo estaba dispuesto a irme inmediatamente, pero la enfermera de la planta me dijo que tendría que esperar hasta que el doctor volviera y firmara el alta del paciente. A las siete de la tarde el doctor aún no había vuelto. La enfermera de la planta me dijo que se había ido a casa y que tendríamos que esperar a la mañana siguiente.

—Oh, no —le dije—. Stella está perfectamente. Por favor, consiga que alguien firme el alta.

—No puedo, tiene que ser su doctor y ahora está en casa. Volverá por la mañana.

—Llámele.

—No puedo hacerlo. No le llamamos a su domicilio particular.

—Deme su número. Yo le llamaré.

Le llamó. Le explicó el problema disculpándose por molestarle. Le dijo cosas como «Por supuesto» y «Lo entiendo» y estaba a punto de colgar y transmitirme la negativa del doctor no sin cierta satisfacción personal cuando le pedí el teléfono. Entonces, varias enfermeras ya se habían congregado y escuchaban la conversación. Encontré que el doctor era una persona con la que se podía hablar. El paciente estuvo pronto en el coche de camino a casa, lo mismo que podía haberlo estado antes de comer o incluso la noche anterior. Episodios como éstos son los que provocan el déficit en el presupuesto nacional de sanidad.

No importa cuántos médicos, enfermeras y ayudantes necesitara Stella a lo largo de su Alzheimer, yo sabía que no sería un espectador; al menos habría un pequeño papel para mí.

Lo que no hubiera podido prever es que entre mis virtudes como cuidador se encontraba una característica mía que siempre había considerado como una pequeña desventaja: yo dormía muy poco. Si dormía cuatro horas seguidas tras la medianoche, ya estaba listo para levantarme sin problemas y leer, trabajar en el jardín si era la temporada de hacerlo, sacar la nieve con una pala, conectar el procesador de textos o intentar seguir durmiendo durante una o dos inquietas horas. Si, durante el día, la falta de sueño podía conmigo, quince minutos en la tumbona me bastaban para recuperarme completamente. (Un par de años después comencé a necesitar media hora. Hoy en día, puedo dormir media hora por la mañana y otra media muchas tardes. Si el sueño me atrapa en el coche, aparco en el arcén y reclino el asiento.) Puede que sea una cuestión genética: mi padre volvía a casa tras largas jornadas laborales en la ciudad y después de cenar se echaba una siesta en su silla, con el periódico aún en sus manos. En pocos minutos ya estaba listo para una partida de bridge, ver una película o cualquier otra cosa que mi madre hubiera planeado para aquella tarde.

Mis hábitos de sueño, que me tienen en pie a las cuatro de la mañana listo para trabajar, coinciden más o menos con el ciclo de la incontinencia urinaria de Stella, así que estoy disponible para cumplir mi deber en momentos particularmente útiles. Enciendo una luz suave, le explico para qué la estoy molestando y la levanto lo suficiente como para sacar la esterilla absorbente y poner una seca en su lugar. También le cambio su ropa íntima. Luego le doy un beso en la mejilla, le digo que he acabado y me vuelvo a dormir. En total, no tardo más de cinco minutos. Probablemente ella ni se ha despertado del todo.

De ninguna manera ningún doctor haría eso por ella o sabría una forma más efectiva de hacerlo. Los doctores saben sobre recetas y aparatos. El doctor nos dijo: «No le den líquidos tras la cena». Pero también nos dijo: «Ocho vasos de agua al día». No era fácil cumplir la cuota. Stella había olvidado cómo abrir los labios para aceptar la bebida que tanto deseaba. Lograr que bebiera dependía del cuidador.

Un día, el director de CenterDay me dijo, como la moderadora de la Alzheimer's Association me había dicho un año antes, que lo sentía, pero que tenía que pedirme que retirase a Stella del centro. Stella había participado en el programa durante un año y los informes del personal habían sido buenos. Nunca quería faltar los días que le tocaba ir allí. Los días que iba al centro no se cambiaban ni para acudir a citas con dentistas, podólogos, oftalmólogos ni esteticistas. Si, como sucedía a menudo, quería dormir una hora extra por las mañanas, sólo tenía que decirle que aquel día tocaba ir al centro y se le abrían los ojos. ¿Qué había sucedido para que esa bendita isla de su vida ya no fuera habitable?

No había sucedido nada brusco. Aunque la progresión de su discapacidad había avanzado centímetro a centímetro, el centro ahora veía un kilómetro de diferencia entre la atención rutinaria que le dispensaban a los otros clientes y la necesidad de Stella de ser alimentada, aseada y transportada siempre en la silla de ruedas.

Yo no había sido capaz de resolver el problema social que tuve cuando Stella cayó más allá del nivel exigido para participar en el primer grupo de Alzheimer, pero esta vez vi la chispa de una posibilidad. El problema que el centro tenía con Stella era puramente físico. No podían levantarla, hacerla girar y asistirla en el lavabo. No tenían medios suficientes para alimentarla de forma individual. Nuestra oficina de Alzheimer publica una lista de todas las instituciones que ofrecen cuidado diurno, con los detalles de sus horarios y costes y lo que pueden y no pueden hacer. CenterDay no podía encargarse de pacientes agresivos, ni que tuvieran incontinencia total, ni que dependieran totalmente de una silla de ruedas ni que necesitasen asistencia para comer. Muchas de estas imposibilidades incluían a Stella.

¿Y qué tal si contratábamos a un ayudante para que se encargara de estar con Stella y darle los cuidados que necesitaba?

Eso les parecía bien. CenterDay tenía una lista de ayudantes que buscaban trabajos con pocas horas semanales. No eran como Grita, pero se sabía que era gente responsable. Harían lo que fuera necesario. Una ventaja adicional es que podían usar sus propios vehículos para recoger a Stella por las mañanas y traerla a casa por las tardes, un servicio que no les estaba permitido ofrecer a los ayudantes que venían a través de agencias.

Otra ventaja de los ayudantes contratados de forma privada era que podían administrar la medicación recetada por el médico —las píldoras que Stella tomaba para la osteoporosis, el Alzheimer o la artritis—, cosa que los empleados de una agencia que no tuvieran el grado de «enfermero experto» no podían hacer. Cuanta más organización y jerarquización se aplica a una tarea, más se cargan los procesos con prerrogativas y burocracia y menos se centra la atención en el paciente y más en el mismo sistema y en su relación con otros sistemas (no a las píldoras, a conducir, a trabajar después de las seis, a levantar al enfermo, a venir los fines de semana o en vacaciones).

Un tiempo después comenzó un nuevo programa de atención diurna bajo el patronazgo de un hogar de tercera edad que estaba apenas a unas millas de distancia de donde vivíamos, tan cerca que me sentí obligado a saber más de él. Se trataba del hogar BayEdge, cuya instalación principal era una bonita finca que un viajero casual podría haber confundido con facilidad con uno de los muchos hoteles que había en la carretera. Su programa de cuidado diurno tenía lugar en un edificio separado, construido especialmente para este propósito, que contaba con el equipamiento necesario para hacer frente a cualquier eventualidad: incontinencia, problemas de alimentación, e incluso con una camioneta para transportar a enfermos en silla de ruedas.

Como Stella disfrutaba tanto en CenterDay, comencé a realizar el traslado de una manera provisional, dispuesto a anularlo si ella no se adaptaba bien al cambio. Para mantener cierta continuidad, la seguí llevando un día de cada semana a CenterDay. Pero no había razón para que me preocupara. Desde la mismísima primera mañana el nuevo programa en BayEdge funcionó tan bien como el anterior de CenterDay.

Algunos enfermos de Alzheimer se hallan sumidos en un perpetuo estado de inquietud e insatisfacción. Stella, en cambio, aceptaba con estoicismo muchas cosas por las que antes se hubiera quejado. Era otro el que tenía que darse cuenta de si estaba sentada en una silla demasiado rígida o si llevaba demasiado tiempo en un lugar con corriente de aire. Todos los centros de día se parecían mucho: compañía agradable, cambios constantes, comida, aperitivos... Así pues, abandonamos del todo CenterDay y añadimos a sus visitas a BayEdge un tercer día a la semana.

Stella nunca me preguntó qué había pasado con esa gente tan amable de CenterDay con la que había pasado un año. Intento imaginar cómo fue la experiencia interior de dejar de lado el año que había pasado en el centro de igual forma que dejó de lado toda una vida de recuerdos cuando murió su hermana. Digo *dejar de lado* y evito *olvidar* porque el recuerdo permanece latente, sólo que no aparece si no es que alguien se refiere a él de forma directa. ¿Es posible que se trate de una experiencia parecida a la que tú y yo tenemos cuando leemos en el periódico artículos sobre gente que ha sufrido grandes tragedias o ha ganado la lotería, gente que sale de nuestras vidas tan pronto como pasamos la página? Igual que nosotros sólo recordamos esas cosas cuando alguien nos vuelve a hablar de ellas, Stella sólo recuerda cuando se le pregunta. Su hermana (o la mía, que acabó siendo su mejor amiga) y el año que pasó en el centro están desprovistos de emociones para ella, como si el color hubiera desaparecido y en su lugar sólo restaran formas identificables.

Ella vive su vida siempre en el presente. Los que estamos aquí estamos aquí. Los demás están archivados. No ha mencionado a mi hermana desde que murió hace dos años.

—Stell —le pregunté—, ¿te acuerdas de cuando íbamos a Vermont con Eve a ver los colores que el otoño traía a las montañas?

Se acordaba bien.

—Yo no había hecho ninguna reserva en un hotel o un parador. Era justo durante la temporada en que el follaje de los árboles resultaba más atractivo y todo el mundo estaba en Vermont para ver el estallido de color. No teníamos ninguna habitación en la que alojarnos. ¿Te acuerdas? Mi hermana Eve estaba con nosotros.

Ella sabía más.

—Conseguimos la última habitación en el peor motel de Vermont. No era un cuarto muy grande. Lo usaban como trastero y lo abrieron para nosotros. Pusieron un colchón en el suelo para Eve. Tenía que pasar por encima de nosotros si quería entrar o salir de su cama. Eve dijo que no nos volvería a acompañar a ningún sitio.

Eso le gustó.

—Eve. Sí.

Leyendo *Elegía a Iris*, un libro que John Bayley escribió sobre su vida como cuidador de su mujer, la escritora Iris Murdoch, que tenía Alzheimer, me sobrecogieron las similitudes entre las emociones de Bayley y las mías, y también las diferencias entre las experiencias con el Alzheimer de las dos mujeres.

Iris Murdoch era consciente de que se estaba desvaneciendo; Stella no lo era. Bayley temía que su mujer vagara fuera de la casa y corriera riesgos; yo pensaba que vagar era un privilegio que había perdido. Cientos de discapacidades emergen cuando no puedes ponerte en pie e ir al jardín o al lavabo, recorrer los pasillos de una tienda, seguir a una camarera hasta tu mesa en un restaurante o subir una pocas escaleras hasta el dormitorio en casa de tus hijos.

Comprendo muy bien la compleja devoción que Bayley tenía por Murdoch, pero incluso sus amigos más íntimos, y seguro que los distantes lectores de su libro, se debían de preguntar si su relación no se había convertido al final en un deber, en un hábito, en una carga. ¿No se podía permitir alternativas mejores? ¿Cómo podía no preferir una noche en el teatro con viejos amigos a sentarse solo leyendo mientras su mujer dormía en otra habitación? La gente de letras tiene una imaginación desbordante. ¿Acaso Bayley se autoconvenció de estar viviendo una historia trágica de amor cortés?

Sé que no sucedió nada de eso. Amaba a la chica. Eso era el amor para él. No era un deber, sino una bendición, estar siempre presente para ella del mismo modo que ella lo estaba para él, ser todos los recuerdos que ella tenía; era una bendición ofrecerle siempre una mano, quizá no tan experimentada como la de una enfermera, pero en la que ella confiaba, del mismo modo que era una bendición para él acariciar la mano de ella, que conocía en cada peca, vena o nervio. Bayley escribió su relato durante el segundo año del Alzheimer, cerca de los últimos días de su esposa. En mi quinto año, comprendo que Bayley aún tenía a la chica de la que se enamoró cuando ella pasó a su lado montada en bicicleta. Yo me enamoré de Stella en unos grandes almacenes cuando ella pasó a mi lado, con una carpeta en la mano, cumpliendo con su trabajo desde el departamento de personal hacia los compradores de utensilios para el hogar. Como Bayley, llevé a mi amor a la orilla de un río, el nuestro, el arroyo de montaña cuya fuente discurría bajo lo que se convirtió en la famosa casa Fallingwater. E igual que Bayley, nunca dejé de amarla.

8

Pagar las facturas

Habitualmente podíamos adivinar si la chica nueva de la tienda trabajaba en personal: todas eran como un ejemplo andante de cómo quería el director de personal que fuese la tienda.

La nueva tenía todos los rasgos de personal: era guapa de una forma a la que las chicas del departamento de corbatas para caballero, que podían ser incluso más bonitas, no podían aspirar. Parecía una licenciada de una universidad femenina. Incluso cuando estaba quieta, de pie, parecía que sabía exactamente a dónde iba. Estaba *yendo a,* no *esperando a.* Además, las chicas del departamento de corbatas para caballero no se paseaban por la tienda llevando documentos.

La nueva tenía que trabajar con los mismos compradores y proveedores con los que trabajaba yo. No pasó mucho tiempo sin que ambos supiéramos cómo nos llamábamos y cuál era el trabajo del otro. Pensaba mucho en ella, pero no podía permitirme ni siquiera invitarla al cine. Se me ocurrió que tendría que acabar por preguntarle si había ido alguna vez al zoo.

Yo trabajaba para un vicepresidente y mi salario consistía básicamente en el honor de tener un trabajo en 1938 y otros extra como poder usar su pista de tenis, tener libertad para escribir eslóganes como «El estilo inglés en el hombre americano» y entradas gratis que me caían porque el jefe estaba obligado a apuntarse a casi cualquier cosa que surgiera en el campo de las artes. No mucho después de que lanzara mi posesiva mirada sobre Stella, el jefe me dejó encima de la mesa dos entradas para un concierto.

No es que me gustase mucho la música clásica, pero pensé que para nuestra primera cita sería mejor que el zoo. Crucé la planta hasta llegar al mostrador que delimitaba la zona de personal. Ellos trabajaban para un vicepresidente diferente, así que allí estaba fuera de mi territorio. Señalé hacia Stella. Ella giró en su silla. Vi que sus rodillas estaban escondidas tras una elegante falda gris, lo que me dejó entender que la habían educado para mantener su ropa abotonada. Tenía los tobillos fuertes de alguien acostumbrado a caminar y su cuerpo parecía esbelto bajo su blusa. Vino hacia el mostrador de una forma que me pareció, o al menos así lo pensé esperanzado, más amistosa que simplemente educada.

—Stella, tengo dos entradas para la sinfonía del próximo miércoles por la noche. ¿Qué tal si vienes conmigo? Te recogeré. ¿Dónde vives?

—¿No podrías ir un poco más despacio?

Antes de esta conversación no habíamos hablado nunca. Tenía los ojos color avellana y una piel muy clara. Estábamos en julio y no se había bronceado; nunca se broncearía. Me gustó que no fuera tan sofisticada como para haberse debatido buscando una respuesta mientras pensaba si ésta era la manera correcta de pedir un cita.

—¿El miércoles? ¿La sinfonía?

Su cara hispana, estilizada, comenzó a mostrar una sonrisa abierta y maravillosa. Entonces no sabía que tocaba el violoncelo y que casi cualquiera que le mostrara entradas para una sinfonía y tuviera credenciales de conocido se haría con la cita.

Una semana o dos más tarde mi vicepresidente ganó una disputa con su vicepresidente. Por algún motivo que no entendí entonces y no entiendo ahora, mi vicepresidente quería controlar la formación de los vendedores. Entrenar a los empleados de los grandes almacenes para que vendan es la clase de tarea que yo querría apartar lo más lejos de mí que fuera posible. Mi jefe no tenía ni idea de qué hacer con su victoria, así que me puso a mí al frente de su nueva área. Y como yo sabía del tema aún menos que él, me permitió que escogiera a quien quisiera del departamento del otro vicepresidente para que fuera mi asistente y me enseñara. Había gente que asistió a escuelas de comercial, había gente que trabajó para Marshall Field, había gente...

—Stella Marcum —dije yo.

Nos casamos tres meses después, en secreto, pues iba contra la política de la empresa que una pareja casada trabajara en el mismo departamento. Antes de que nadie pudiera denunciarnos, dimitimos y nos llevamos nuestro talento a otra parte. Mi vicepresidente ofreció a Stella un ascenso a otro departamento si lo reconsideraba, pero ambos sabíamos lo que queríamos hacer. Stella iba a enseñar música en una escuela privada. El matrimonio había ampliado mis horizontes. Yo estaba pensando si valía la pena continuar mi carrera en un área en la que había empezado como mozo de almacén y que me ofrecía un salario que apenas podría crecer suficientemente rápido como para mantenerme siquiera a flote.

Muchos años después, tras la guerra, los niños y haber tenido tantos trabajos como habíamos querido, Stella y yo nos mudamos a Cape Cod y abrimos una tienda, no muy seria, en la que vendíamos toda clase de cosas que nos habían gustado cuando las habíamos visto en sus países de origen: azulejos de Holanda o Portugal, camisas bordadas de México, tallas de madera japonesas, velas grandes que se rizaban como el cabello de una chica holandesa, juguetes tallados en madera… Parecía más diversión que trabajo. Estábamos juntos y pronto añadimos trabajos de verano para los niños. Nos fue tan bien como para necesitar ayuda y, dado que Stella tenía experiencia en la selección de personal, estuve encantado de cederle la responsabilidad de la contratación.

—Puedo eliminar a la mitad de los aspirantes sólo por la forma como caminan —me dijo.

La gente que está en selección de personal siempre tiene métodos, estándares y prejuicios que les ayudan a reducir la cantidad de aspirantes hasta un número con el que pueden trabajar: deben ser licenciados, deben tener un master, deben tener apariencia de ser socios de un club de campo, deben medir más de 1,70 m, deben caminar con decisión…

—Es un gran sistema —le dije—. De esa manera probablemente no pierdes más que la mitad de los mejores candidatos.

—Si no te gustan los que escoja, puedes despedirme y contratarlos tú mismo.

Siempre me gustó el personal que contrataba.

Pues nos dedicamos a eso y aun tuvimos otro empleo después. Cuando llegamos al Alzheimer me imaginé, sin saber mucho del tema, que Medicare y nuestro seguro complementario se harían cargo del coste principal; así había sucedido con nuestras otras enfermedades y lesiones, y lo que no cubrían ninguno de los dos, podíamos pagarlo nosotros.

Medicare y nuestro seguro se hicieron cargo, de hecho, no de parte, sino de todos los gastos que conllevó conseguir el diagnóstico: las visitas a Loughrand, Harrison y Geerey, los análisis de sangre y el escáner cerebral. Pero la cobertura de Medicare para el Alzheimer acababa allí. Me llevó no meses, sino años, penetrar en el entramado de las agencias de cuidados a domicilio y de Medicare para descubrir cuál era la regla básica: en lo que atañía al Alzheimer, Medicare no cubría nada tras el diagnóstico, ni un penique, nada. Toda la inversión de tiempo y sellos de correos que realicé para descubrir este hecho y todas sus irracionales ramificaciones fue en vano.

Medicare sí cubría los costes médicos de enfermedades o lesiones que surgían como consecuencia del Alzheimer (lesiones producidas, caídas, neumonía, irritaciones producidas por la inmovilidad) pero, en cambio, se obstinaba en no cubrir ninguno de los costes de los tratamientos para el Alzheimer que intentaban evitar esas costosas consecuencias.

Teniendo en cuenta el protagonismo que la financiación de la enfermedad acaba adquiriendo en la vida de casi todos los pacientes de

Alzheimer, creo que los libros sobre el tema dedican muy poco espacio a ese apartado. Excepto algunas someras sugerencias sobre consultar a mi abogado o asesor financiero, ninguno de los libros que leí para prepararme con objeto de ser el cuidador de Stella decía nada de cómo se podían pagar los costes del Alzheimer. La suposición de que yo tuviera abogado o asesor financiero o de que, incluso si los tuviera, el abogado supiera de algo más que de propiedades inmobiliarias y el asesor más que de paquetes de inversión y teorías de colocación de capitales era algo que todo escritor debería confirmar antes de dedicarse a aconsejar alegremente a los cuidadores de un enfermo de Alzheimer.

Es difícil encontrar el tono adecuado cuando escribes sobre tus propias circunstancias financieras, a no ser, eso sí, que seas pobre o tengas algún problema serio, lo que no nos sucedía a nosotros excepto por la enfermedad de Stella. Como escritor, sé que los lectores tienden a simpatizar con los personajes que no pueden pagar las facturas. Leer sobre vidas duras despierta nuestra simpatía y admiración hacia aquellos que se sobreponen a las dificultades y, aunque, debemos admitirlo, no envidiamos su situación, siempre deseamos que esos personajes salgan adelante. Cuando la vida se convirtió, para mí, en escribir sobre la vida, no pude recurrir a la romántica caracterización del que tiene problemas económicos.

Tampoco es que estuviera nadando en la abundancia. En los personajes opulentos esperamos ver el entretenido espectáculo del exceso (grandes mansiones, aviones privados, comidas en el Ritz) y la posibilidad de una caída desde lo más alto. No tengo la menor duda de que muchos lectores prevén con secreta satisfacción el episodio en que el justo o imprevisible destino se impone finalmente al marido y le fuerza admitir que el cuidado de su esposa le ha dejado arruinado, como ha arruinado a cientos de miles de personas. La vida es muy larga, pero yo ya estoy cerca de su fin y no creo que me precipite hacia esa clase de ruina.

Como el personaje del cuidador en un libro, corro el riesgo de que se equivoquen conmigo en dos sentidos: la carga económica de la enfermedad no sólo no me está llevando a la desesperación, sino que, para colmo, no puedo tomar más de un martini sin marearme, de modo que, al igual que Stella, soy un bebedor de una sola copa. Como pasa con la ruina económica, el hecho de llegar al alcoholismo por culpa de circunstancias estresantes (o por causas genéticas, o por una bravata) es mucho más interesante en la literatura que en la vida real.

Ante todo, quiero evitar que se piense que mi situación es desesperada en cualquier sentido. Todo el mundo conoce situaciones peores, si no en la vida real, sí a través de la televisión o los periódicos. Mi situación es mucho mejor que la de las hijas que abandonan buenos trabajos por otros sin porvenir porque necesitan ir a casa cada día unos minutos para dar al enfermo su medicación o cambiarle la ropa debido a su incontinencia. Este alegato en pro de los enfermos de Alzheimer con cierta edad —de una enferma de Alzheimer con cierta edad— tiene que leerse sin perder de vista a los millones, a los cientos de millones de personas que viven en la miseria en naciones tiroteadas, bombardeadas, violadas, cuyas desgracias son tantas que rebasan el deficitario espectro de atención del adulto estadounidense.

Aun así, Stella ya está en su quinto año de Alzheimer, confinada a una silla de ruedas, apenas capaz de comunicarse, y yo soy su cuidador y comparto mis experiencias con vosotros, con la esperanza de que os ayuden a entender lo que el Alzheimer puede llegar a ser, ya que, casi con certeza, la enfermedad hará su aparición en vuestras vidas si vivís lo suficiente. A continuación aporto algunas instantáneas, suficientes para que podáis comparar vuestras circunstancias con las nuestras: cuando nos casamos, Stella y yo ganábamos juntos menos de ochenta dólares a la semana, una cantidad no tan mala cuando un Ford casi nuevo de cuatrocientos cincuenta dólares y una casa recién construida de cinco mil quinientos dólares podían conseguirse con unos ingresos anuales de cuatro mil dólares. Gestionamos la hipoteca, nuestros gastos, el seguro y el coche en una cuenta corriente que a veces estuvo por debajo del requerido balance mínimo de cincuenta dólares. Los gastos de la casa los gestionábamos en los tres bolsillos de un albornoz que nos sobraba: un bolsillo para comida y otros gastos ordinarios, otro bolsillo disponible para cualquiera de nosotros dos a voluntad si es que había algo dentro y un tercero para la ayuda a la Iglesia, que siempre nos proponíamos ahorrar. Admití la posibilidad de reducir esa ayuda hasta que volví a casa después de la guerra, me puse a trabajar y abandoné el sistema del albornoz para administrar los gastos.

Ciertamente estábamos dentro de porcentaje de gente a la que le iba bien, pero familias con una riqueza no mucho mayor que la nuestra son capaces de ahorrar la mitad o más de sus ingresos con la misma dificultad con la que nosotros apartábamos una décima parte. La vida consiste a menudo en tener suerte. Parece ser que la longevidad está en nuestros genes y, tras sesenta años de matrimonio, hemos sobrevivido a hipotecas y parientes necesitados. Abandoné la idea de que me merecía especialmente el éxito cuando mi muy escogida cartera de valores no se comportó mejor de lo que lo hubiera hecho si hubiera sido escogida por un chimpancé tirando dardos a la página financiera del periódico.

Nuestros hijos, como nosotros, también pertenecen a la clase media. Durante tres generaciones, los miembros de nuestra familia hemos completado nuestra educación sin recurrir a las subvenciones ni a las becas. En los años treinta me bastó con un trabajo a media jornada para pagarme los estudios. Para pagar la universidad de nuestros hijos en los sesenta pudimos apartar una fracción razonable de los ingresos de nuestra joven familia e incluso hoy podemos pagar los estudios de nuestros nietos, a pesar de que las matrículas universitarias se han convertido en monstruos que no deducen y que amenazan con comerse los sueldos de la familia entera. Nuestro coche es un sencillo vehículo que lleva nuestro nombre en la matrícula y que ya tiene cinco años. Vivimos en una casa que no vale tanto como parece y por la que no pagamos más que tres mil dólares de impuestos. Una persona con medios podría querer derribarla y construir otra casa mejor, con techos más elevados, pero nosotros no somos tan altos.

De cualquier forma, llegué al papel de cuidador con la confianza de que podría manejar el coste económico. No confiaba en que Medicare se hiciera cargo de la mayor parte. Si alguien me hubiera dicho cómo estaba la ley respecto a Medicare y el Alzheimer, ni me hubiera molestado en consultar si podía cubrir algo en absoluto, lo que hubiera sido acertado por mi parte, pues eso es exactamente lo que cubre: nada.

Ésta es, ante todo, la historia de mi guerra contra Medicare, porque el Alzheimer es una enfermedad que afecta a la generación que contrató su cobertura médica antes de la era de las HMO. Tómatelo como una advertencia para buscar similitudes con tu propia cobertura.

La posición de Medicare respecto a no cubrir el Alzheimer es de una importancia considerable, pues de la misma manera que las normas excluyen de la cobertura a miles de personas que se pueden permitir sufragar el coste, les saca la sangre a millones de personas que piensan que, cuando llegue el momento, Medicare cubrirá los gastos.

Nuestro principal gasto no son ni los hospitales ni los doctores, sino los ayudantes. Comenzamos con los dos días que Grita podía dedicarnos. Conforme el estado de Stella fue agravándose, otros ayudantes hicieron su aparición. La agencia que facilitaba las personas que acompañaban a Stella durante algunas horas me dijo que Medicare cubría una hora y media de cuidados cada mañana para levantar a Stella, asistirla al hacer sus necesidades, bañarse y tomar el desayuno, y otra hora y media para las tareas del final de la jornada.

Pensé que el reembolso de veintiuna horas de lo que se había convertido en cincuenta horas de cuidados (y luego sesenta y más tarde aun noventa) era una nimiedad, pero si ésa era la regla establecida no iba a desafiarla. Con un coste medio de quince dólares la hora, Medicare me pagaría dieciséis mil dólares de un coste por ayudantes que pasaba de cuarenta mil antes de que acabara el segundo año del Alzheimer y que había subido a cincuenta mil antes de que acabase el tercero. Y el coste sigue subiendo.

Pero había una trampa. El director de la agencia de cuidados a domicilio autorizada por Medicare me dijo que si Stella iba a un centro de cuidados diurnos que no tenía certificación médica, Medicare no cubriría ninguno de los costes. Stella estaba entonces yendo a CenterDay, una institución patrocinada por nuestro Consejo para la Tercera Edad pero que no tenía el certificado para dispensar cuidados médicos. Este estatus anulaba cualquier cobertura de los cuidados a domicilio que Stella pudiera recibir.

Yo creía que Medicare no me había entendido bien: yo no estaba pidiendo que cubrieran los gastos de CenterDay o del ayudante particular que CenterDay tuvo que contratar para Stella. Mi petición se centraba en conseguir ayudantes que vinieran a casa a primera hora de la mañana y última de la noche, antes y después de que Stella estuviera en CenterDay. Se trataba de servicios que Stella necesitaba para levantarse de la cama, bañarse, comer y estar lista para iniciar o acabar la jornada.

No importaba. Medicare no pagaba las facturas de los ayudantes si el paciente asistía a un centro de día que no tenía el certificado médico.

Ésa fue la primera noticia de que existían dos tipos de centros de día. Hasta que abrió BayEdge, no había ningún centro de día médicamente certificado cerca de nosotros y yo ni siquiera me planteaba sacar a Stella de CenterDay, que se había convertido en una parte muy gratificante de su vida. Sus necesidades médicas eran limitadas, pero le hacía falta la vida social que un grupo le proporcionaba. El doctor Loughrand lo había recomendado y había muchos más expertos que coincidían en los beneficios de la vida social activa para un enfermo de Alzheimer que los que apostaban por los beneficios de la tacrina, que entonces era el único medicamento aprobado por la FDA. Pensé que la regla de Medicare era estúpida, pero hay muchas cosas estúpidas en la vida y ésta no era mi primera experiencia adulta al estilo de Alicia en el país de las maravillas. Acepté las reglas del juego.

Cuando BayEdge inició su andadura, con su correspondiente certificado médico, y Stella encajó bien en su nuevo grupo, volví a la agencia e informé de que cumplíamos los requisitos para que nos pagaran veintiuna horas semanales de cuidados a domicilio.

Pues no, nos dijo el responsable; debí de haberlo entendido mal. No bastaba con que Stella fuera a BayEdge, sino que además tenía que acudir precisamente al programa médico del centro. Como no acudía allí por ese motivo, sino sólo por el programa social (y lo hacía sonar como si estuviéramos hablando del programa de un partido político), su estatus como imposibilitada para salir de casa quedaba cancelado. Si salía de casa para ir al centro de día, obviamente no le era imposible salir.

No sirvió de nada recordar que estaba confinada a una silla de ruedas, tanto en casa como en BayEdge, y que tenían que llevarla y traerla en una furgoneta especialmente habilitada para ello. Medicare se basaba en que salía y no se la podía considerar imposibilitada si salía de casa. Al reducirse a esta paradoja Zen, Medicare se convertía en una trampa de la vida real, frente a la cual el original parecía sólo un artificio de la literatura cómica.

Protesté alegando que su discapacidad tenía una fuente identificada y certificada, independientemente de que asistiera o no a cualquier centro de día. ¿Cómo era posible que sus necesidades de cuidado por la mañana y por la noche se vieran afectadas por su asistencia a BayEdge? ¿Cómo podía ser que los cuatro días a la semana que no iba a BayEdge se vieran afectados por los tres días que iba? ¿Cómo podía ser que lo que hiciera en el centro de día anulara la certificación de cuatro doctores, además de la de las enfermeras y terapeutas que la habían visitado, con respecto a que era incapaz de caminar o ni siquiera mantenerse en pie sola?

Si lo que querían era asegurarse de la discapacidad del solicitante, había muchísimas y mejores formas de hacerlo que la grosera regla de la asistencia a un centro de día. Si Medicare tenía miedo de que la condición de incapacitado para salir de casa se convirtiera en otro fraude billonario sobre el que la agencia tendría que declarar

184

ante un comité del Congreso, podían requerir un examen médico, realizado por un doctor o un comité de doctores a su elección, que yo estaba dispuesto a pagar, como paso previo a la concesión de la ayuda. Y, de todas formas, les apremié a que se olvidaran de BayEdge, ya que sólo era una pantalla que usaban para eludir el problema real. No estábamos pidiendo que cubrieran el tiempo que Stella pasaba en BayEdge, donde nosotros, como era nuestro derecho, decidíamos gastar nuestro dinero desde el momento en que el ayudante matutino de Stella la metía en la furgoneta hasta el momento en que el ayudante de la tarde la recibía en casa. Los tramos de hora y media que estábamos pidiendo que cubriera Medicare eran para otros momentos del día, para unos costes que estaban establecidos en los usos de los profesionales de los cuidados, incluidos los de Medicare, para casos de discapacidad en diabetes, infarto, artritis y otras muchas enfermedades. Si tenías uno de esos males y estabas discapacitado hasta el punto en que Stella lo estaba, Medicare te cubría, del mismo modo que cubría las escaras, la neumonía y los brazos rotos.

Las respuestas que recibía no eran lógicas, sino que sólo citaban reglamentos. Los reglamentos eran fenómenos naturales. Uno no necesitaba justificarlos más de lo que se necesita justificar la existencia del océano, de un árbol o de una piedra. Simplemente estaban allí. Y los reglamentos decían que si salías de casa por cualquier motivo no estabas incapacitado para salir de tu domicilio, y si no estabas incapacitado no reunías los requisitos para recibir subvención con la que pagar a ayudantes.

Me hicieron otras preguntas curiosas, como si quisieran asegurarse de que comprendía que todos los parámetros de la razón y el sentido común no se aplicaban a este caso. ¿*Participaba* Stella en las actividades del programa mientras estaba en BayEdge? Los días que necesitaba cuidados médicos certificados (los dos días que necesitó jarabe para la tos administrado al mediodía, el día, cada varias semanas, que le cortaba las uñas de los pies, no una esteticista, sino un podólogo, el único que, según la ley, podía prestar ese ser-

185

vicio en nuestro Estado), esos días, ¿se quedaba todo el día en el centro o la traían a casa rápidamente después de haber acabado de cortarle las uñas? ¿Se quedaba allí después de tomarse la cuchara- da de jarabe para la tos?

Yo no lograba comprender qué consideración médica de interés público podía exigir que Stella regresara a casa tras tomar una pas- tilla, ni qué delito había cometido para que Medicare quisiera que estuviera todo el día confinada en su habitación. ¿No era suficiente castigo que durante las veinticuatro horas del día no pudiera hacer nada sin ayuda —*nada*—, excepto actos reflejos? La agencia de cuidados a domicilio cambió entonces de argumento. Lo esencial era que Medicare no cubría ninguna enfermedad que se considera- se incurable. La diabetes, el infarto, la artritis y demás tenían cura; el Alzheimer, no. Debí de haberlo entendido mal al creer que trans- ferirla a un centro con certificado médico tendría algún efecto sobre su irremediable adscripción al club de los incurables.

A mí no me convencía este razonamiento esencial. ¿Qué pasaba con las residencias para enfermos desahuciados? ¿Los pacientes de esas residencias no eran, por definición, incurables? ¿No pagaba Medicare las facturas de muchísimos pacientes de hospital conside- rados terminales? ¿No conocíamos ambos casos de enfermos del corazón, de los riñones o con cáncer que no eran más curables que Stella y que tenían un cuidador pagado en su casa?

De acuerdo, me dijo la agencia, pero había algo aún más esen- cialmente esencial dentro de lo esencial: Medicare simplemente no cubría la enfermedad terminal concreta llamada Alzheimer. Punto. Comprendí que había llegado el momento de pasar de los emplea- dos locales e ir más alto. Escribí al propietario de Medicare, al De- partment of Health and Human Services.

Mis anteriores experiencias de cartas al IRS me hacían esperar que antes de que nada pasara dentro de tal burocracia tendría que enviar una carta de seguimiento y, quizás, incluso una petición a mi congresista para que considerara el tema. El público recibe sus res- puestas a su debido tiempo, si es que sus peticiones superan todo el proceso, pero las preguntas del Congreso son recibidas y tramitadas rápidamente por funcionarios de alto rango.

Es muy probable que Medicare responda al veterano Senador de Massachusetts o a sus ayudantes legales con la máxima rapidez, pues la legislación de Medicare tiene la impronta de Ted Kennedy. No existiría ningún Medicare, sino sólo una concha vacía, si el anciano Senador de Massachusetts no lo hubiera apoyado. Puede que parezca que el hecho de que un senador de Estados Unidos actúe como simple agilizador de un trámite sea un enorme desperdicio de energía, pero así es como funciona el sistema. Nadie sabe por qué Dios puso un apéndice en el cuadrante inferior derecho de la tripa, pero ahí está.

Hay que estar preparado para que la respuesta que el Senador reciba de Health and Human Services no conteste a tu pregunta. En vez de eso, el estilo corporativo suele responder a preguntas que jamás les hiciste. Una apariencia de rectitud y compromiso oculta el hecho de que se han guardado mucho de responder:

> Primero, señor Alterra (escribió el gobierno, refiriéndose a mi carta al senador), su carta declara que fue informado de que Medicare no ofrece cobertura para el tratamiento del Alzheimer. Esa afirmación no es correcta. Las directivas de Medicare sobre cobertura especifican que la necesidad de requerir los servicios de enfermeras con experiencia debe basarse en el estado del paciente más que en el diagnóstico. Para reunir los requisitos de la cobertura sanitaria a domicilio de Medicare, la ley exige que el beneficiario de Medicare se encuentre confinado en el domicilio, bajo el cuidado de un médico, recibiendo atenciones y servicios bajo un plan de tratamiento establecido y periódicamente supervisado por un médico, y requiera asistencia de cuidados de enfermería en períodos intermitentes de tiempo.

Perfecto. Stella era paciente de Loughrand. Él la examinó. Su discapacidad era total. Él dijo que necesitaba cuidados las veinticuatro horas del día. La veía periódicamente. Recibía los informes de las enfermeras que la visitaban. La necesidad de atenciones de enfermería experta se había aprobado según la convención local, de la cual Medicare tenía conocimiento (y es de suponer que la aprobaba), de que los servicios prestados por ayudantes se revisaban durante una hora al mes por un supervisor que los mandaba a los archivos de su agencia y también a los archivos del doctor que llevaba el caso. Las anomalías en la salud del paciente de las que el cuidador pudiera no haber informado al doctor figuraban en el informe del supervisor. Viendo cómo funcionaba el sistema, un observador imparcial podría concluir que la parte operativa más importante era el enorme rastro de papeles y registros que se dejaba por el camino para satisfacer los requisitos de los reglamentos:

> Segundo, el principio fundamental en la definición de confinado al domicilio es que debe haber una imposibilidad de salir del domicilio y que dejar el domicilio comporte un esfuerzo considerable y gravoso.

Perfecto otra vez. Por tanto, la incapacidad de Stella era más profunda y extensa que la de la definición, y si la definición era lo suficiente buena para Medicare, también lo era para nosotros. Era de sentido común, breve y directa. Y era fundamental:

> Tercero, si Stella reúne los requisitos de confinada al domicilio, «Medicare cubre el cuidado a domicilio de un ayudante o enfermera especializada tanto a tiempo parcial como en períodos intermitentes [...] durante cualquier número de días a la semana mientras no acumulen (sumados) más de ocho horas diarias y treinta y cinco horas semanales». Podría conseguirse autorización para «hasta cincuenta y seis horas semanales de servicios diarios mientras la necesidad de estos servicios fuera por un período determinado de tiempo».

En resumen, aparentemente Stella no sólo tenía derecho a cobertura, sino también a los más de trescientos quince dólares semanales que habíamos pedido, y la cobertura era para cuidados aportados por enfermeras expertas. Nuestra agencia local nos cobraba treinta y dos dólares la hora por cuidados de enfermería. Si Medicare aceptaba, como lo hacíamos nosotros, ayudantes en lugar de enfermeras, el coste bajaría a la mitad, una ganga para Medicare. Nuestra petición había mencionado expresamente que solicitábamos los cuidados para un enfermo de Alzheimer. Nada en la respuesta del gobierno mencionaba que se excluyeran de la reglamentación los casos clasificados como incurables.

Pero estábamos llegando al punto cuatro, y allí estaba escondida la mina antipersona colocada para volar todo lo anterior. Medicare ni siquiera tuvo que llegar hasta el sustrato pétreo de que no había nada para los enfermos de Alzheimer:

> Si un paciente abandona su domicilio con regularidad para asistir a un centro no específicamente para propósitos médicos, el paciente no cumple el requisito de confinamiento domiciliario y, por tanto, no sería susceptible de recibir los servicios de cuidados a domicilio de Medicare.

La contradicción entre el punto dos, la simple definición de lo que era estar confinado en el domicilio, y el punto cuatro, la condición que lo vetaba, estaba clara. El punto dos daba, el cuatro quitaba. Y el hecho de quitar prevalecía.

No se decía nada sobre lo incurable. Lo incurable era tabú. El Alzheimer era tabú, una palabra que sólo podía pronunciarse si me la atribuían a mí.

Me ofrecía una lista de diversos procesos de apelación: reconsideración, audiencia frente a un juez de lo contencioso-administrativo, el Consejo de apelación y un juzgado. Una de estas estancias podría ver la contradicción entre lo que Medicare definía como confinado al domicilio y las razones triviales que había esgrimido para denegar la ayuda.

Otro nivel de apelación, la carta de demanda, no se mencionaba. Estuve conviviendo con el Alzheimer durante años antes de oír hablar de cartas de demanda. Ninguna agencia de cuidados ni ningún libro sobre Medicare las mencionan. Ninguno de los empleados de la agencia, cuando me dijeron que Stella no reunía los requisitos para la ayuda, me sugirió que enviara una carta de demanda. No figuraba tampoco en ninguna lista de derechos del paciente publicada. Ninguna de las personas con las que me carteé durante mi disputa con Health and Human Services sobre los requisitos de Stella me llamó la atención sobre esa posibilidad.

Una carta de demanda es una especie de secreto popular. La oí mencionar en un grupo de cuidadores. Cuando le pregunté a Medicare por ella me dieron la típica respuesta del tipo: «Oh, sí, claro, también tenemos eso», como si fuera algo que pasó de moda el año pasado. Quizás era lo que estaba contemplado en la carta como «reconsideración». Las terminologías tienen vida propia en todas partes.

Una carta de demanda es la que un cliente pide a su agencia de cuidados que envíe a Medicare para que reconsideren una petición anteriormente rechazada. El cliente tiene el derecho de hacer la petición y la agencia tiene el deber de llevarla ante Medicare.

Mi petición para que la agencia hiciera la demanda a Medicare repasaba la historia de rechazos y se basaba en la contradicción entre los párrafos dos y cuatro y en la función que desempeñaba la palabra «fundamental», palabra que ellos, y no yo, escogieron.

La ley debía haber sido escrita para beneficiar a los discapacitados, no para encontrar una manera de no hacerlo. No había forma humana de que nadie pudiera discutir la discapacidad de Stella bajo la definición de Medicare de confinado a su domicilio, y si ese principio era fundamental, ¿sobre qué iba a prevalecer si no era sobre nimiedades como lo que hacía en el centro de día y durante cuánto tiempo lo hacía?

No sé cómo la agencia presentó mi caso ante Medicare, pero la respuesta fue escueta y negativa.

Habría abandonado la reclamación si por casualidad no hubiera leído en una revista un artículo escrito por nuestro congresista. El artículo incluía una carta de un elector con Alzheimer que expresaba su gratitud por el cuidado a domicilio que Medicare le proporcionaba cada mañana y cada tarde. ¡Cuidado a domicilio! ¡Dos veces al día! ¡Durante muchos, muchísimos meses! ¡Para el Alzheimer! ¡Exactamente la cobertura que le habían denegado a Stella! ¡Y para un enfermo que aún tenía las suficientes facultades como para escribir esta carta coherente y explícita!

Mi alicaído interés se avivó hasta ponerse al rojo vivo. Pregunté a la gente de la oficina del congresista si podían averiguar en qué se diferenciaba aquel caso que habían puesto como ejemplo del de Stella. Parecía que lo igualábamos o superábamos en todos y cada uno de los cuatro puntos. La oficina cumplió, pero la respuesta del departamento no contestó a mi pregunta. En lugar de decirme en qué se diferenciaba el caso de Stella del modelo del artículo, si es que se diferenciaba en algo, Health and Human Services (y su pagano, la Health Care Financing Administration) repitió pacientemente lo que decía la ley. Le hice notar esta discrepancia a la oficina del congresista y les pedí que volvieran a intentar obtener una respuesta específica. Lo intentaron. La segunda carta de respuesta era tan inconcluyente como la primera.

Una oficina legislativa que manda una copia de la carta del burócrata gubernamental al elector no presta demasiada atención a los contenidos. La labor de un agilizador de trámites es agilizar trámites. Si el votante no está satisfecho con el contenido de la carta, debe enviar otra carta. Comencé a comprender que un proceso de prueba en un juicio pudiera alargarse durante años. Decidí no enviar más cartas: los burócratas tenían un suministro infinito de sinrazón. Me vencieron. Nunca conseguí saber por qué el caso de Alzheimer citado por el congresista recibió la ayuda que le negaban a mi mujer.

A las tres y media la furgoneta entra en el camino de mi casa y Henry toca el claxon para sacarme de dondequiera que esté de la casa. Se abre la puerta lateral del vehículo y se despliega la plataforma del elevador. Mientras Henry libera las fijaciones que sujetan a Stella al suelo, yo me asomo por la puerta delantera y saludo a otros cuatro parroquianos de BayEdge que van de camino a sus casas. Stella es la única en silla de ruedas. Henry la mueve hasta el elevador y, mientras desciende, le friego las piernas y cojo sus manos y entonces estamos cara a cara. Su rostro, casi oculto bajo el ala de un sombrero de dril, siempre se tensa con preocupación ritual mientras espera llegar al suelo. Cuando toca tierra, su sonrisa refuerza los gestos de bienvenida que ya hemos cruzado.

—¿Has tenido un buen día?

—Buen día.

Nunca ha sido nada menos que un buen día. Stella sólo tiene que abandonar ese placer para que la puedan considerar confinada al domicilio, condición de la cual derivan todas las ayudas.

Bueno, no exactamente. Volverían a la casilla 1: su enfermedad es crónica. Saben que es crónica porque tiene Alzheimer. No es que no cubran el Alzheimer. No cubren lo que es crónico. Cubrirían el Alzheimer si no fuera crónico. Era una política ecuánime: conceden tanto a los ricos como los pobres el privilegio de dormir bajo un puente.

Los conflictos con organizaciones grandes y con sedes lejanas —gobiernos, compañías de seguros, agentes de Bolsa, hospitales, fabricantes de automóviles, periódicos, etc.— raramente se resuelven sin la intervención de abogados. Los abogados, a no ser que una peculiaridad atractiva del caso capte su interés, no aportan más que una carta de cortesía con su nombre en el encabezado y un párrafo de texto muy básico en los casos pequeños que no forman parte de algo más grande, como una demanda colectiva contra un empresario, envenenamiento por asbesto, demandas sobre valores bursátiles o contra las tabaqueras. Muy concretamente, los abogados no pueden permitirse ser arrastrados a moverse en el conjunto de reglamentos, interpretaciones de reglamentos y caprichos administrativos por los que se gobierna Medicare.

Oí hablar en un encuentro a una abogado de Legal Aid[1] sobre temas de salud y me dio la impresión de que sabía de lo que estaba hablando. Invitó a cualquiera de la audiencia que tuviera un problema a que se pusiera en contacto con ella en su oficina. Aunque nominalmente son un servicio reservado para la población bajo Medicaid y están financiados de una manera brutalmente deficiente, los abogados de estas organizaciones suelen ser muy accesibles. Es muy probable que estén bien informados sobre Medicare porque muchos de sus clientes habituales tienen problemas con los servicios médicos (el Congreso trata constantemente de echar a las organizaciones de Legal Aid del negocio por el sistema de retirarles las subvenciones, pero, como en todos estos temas, primero tendrían que librarse del anciano Senador de Massachusetts).

Le llevé mi carta de demanda. La miró, asintiendo con la cabeza. Había pasado por esto antes. ¿Valía la pena llevar el caso más arriba, pasar por las cuatro estancias de apelación?

—Igualmente no le darán cobertura.

¿Y eso por qué?

—Porque es Alzheimer. Omitirán «fundamental». Sólo es una palabra perdida en una correspondencia. Es lo primero que le pasó por la cabeza a un ejecutivo de bajo rango cuando intentaba escribir algo que tuviera un mínimo sentido. Al final, seguirán sin decir «Alzheimer»; dirán «crónico». Es crónico, y ellos no cubren las enfermedades crónicas, ninguna de ellas. Crónico no es lo mismo que terminal. Lo crónico se sabe desde el principio. Lo terminal se confirma al final. Le darán la razón en todo, menos en lo de crónico. Su mujer no está confinada al domicilio porque va a un centro durante el

---

1. Legal Aid se refiere a los Legal Aid Services (Servicios de asistencia letrada), unas organizaciones sin ánimo de lucro, organizadas por los colegios de abogados, que ofrecen asistencia legal gratuita a clientes con ingresos bajos siempre que no se trate de casos penales. Algunas de estas organizaciones reciben fondos federales o estatales. Se trata, pues, de una iniciativa privada de interés social que recibe fondos públicos. *(N. del t.)*

día. Si no va a que la cuiden al centro, seguirá siendo una enferma crónica. Puede conseguir cortos períodos de cobertura, varios días cada vez, para úlceras, para un resfriado fuerte, para que le corten las uñas, para cualquier cosa para la que su doctor quiera a una enfermera experta.

«Enfermera experta» es otro término ambiguo. ¿Experta en qué? Los ayudantes de mi mujer son expertos en el cuidado de un enfermo de Alzheimer completamente discapacitado. Hemos tenido a enfermeras certificadas que no eran capaces de levantarla de una silla. ¿Por qué el gobierno está tan obcecado en enfermeras expertas y hogares con certificado? Cuestan el doble, aunque, si el paciente está en Medicaid, es un gasto que paga el propio gobierno, no un gasto personal. Un número importante de pacientes no le causaría al gobierno el gasto de Medicaid si Medicare compartiera el coste de varias horas de ayudantes bien contadas en la casa del paciente.

—Pensando en lo que su mujer va a necesitar durante un año, dos o más, olvídese de Medicare. No lo va a lograr nunca.

La ironía de todo esto es que yo pensé desde el principio de mi experiencia con Medicare que habría un examen de los ingresos de la familia antes de conceder ninguna ayuda y que Stella y yo no cumpliríamos ese requisito porque tenemos unos ingresos suficientes. Las peticiones como la nuestra deben ser rechazadas, pero no amparándose en una legislación descerebrada que pone en el mismo saco a los que necesitan y tienen derecho a exigir ayuda y a los que, como nosotros, no la necesitan.

9

Quiero irme a casa

El año nuevo comenzó con un fax de mi nuera desde su oficina en el hospital. Un artículo en la revista inglesa de medicina *Lancet* confirmaba con datos científicos lo que otros ya habían teorizado antes. Un nuevo aparato de resonancia magnética era capaz de visualizar el lugar donde reside la memoria en el cerebro vivo de una persona. Puede medirse la pérdida de volumen del córtex entorhinal. La pérdida de volumen equivale a pérdida de memoria. Inmediatamente pensé en llamar a una profeta con la que no había hablado desde hacía tres años: Ina Krillman. Le recordé quién era yo.

—Quería recordarle una conversación que tuvimos. Probablemente tuvo la misma conversación con otros. Dijo que estaba segura de que el Alzheimer estaba presente desde mucho antes de que fuera diagnosticado, no meses, sino años antes, y que yo debía comenzar la medicación de mi mujer lo antes posible. Fue un consejo digno de un profeta. Le llamo para honrarla.

—No era la única. Yo pensaba que había mucha razón en la teoría de que el Alzheimer tiene un componente genético, pero las investigaciones parecen no haberlo confirmado en muchos casos. ¿Qué ha encontrado?

Le leí los párrafos clave.

—Pueden medir la pérdida de masa en los muy jóvenes, en los niños. Es evidente que esto podría ser un elemento clave para predecir el Alzheimer.

La cantidad de medicamentos contra la enfermedad estaba aumentando muy rápidamente. Aquí estaba ya el instrumento que podría medir su efectividad.

—Hay mucho movimiento en este campo —cambió de tema—. ¿Cómo está su mujer… Stella? Estaba en casa cuando hablamos por última vez. ¿Cómo ha ido desde entonces?

—Sigue en casa, en una silla de ruedas, y casi ha perdido completamente el habla. Pero tiene buena salud. Aunque duerme mucho, nunca está deprimida.

—Es una bendición. Recuerdo que tenía una sonrisa luminosa. Tuve que ingresar a mi padre en una residencia hace unos meses. Ya no podía cuidarlo yo sola. Alzheimer a los noventa, ya sabe.

—¿Se ha adaptado bien?

—Creo que en general sí. Cuando voy a verle pone su frágil mano de anciano sobre la mía, me mira a los ojos y me dice que quiere irse a casa. Eso me destroza. Qué le voy a hacer.

Cuando pienso en residencias, y pienso en ellas muy a menudo ya que estoy continuamente entrando o saliendo de alguna para mis reuniones con los grupos de cuidadores, creo que las palabras más demoledoras que puede escuchar un cuidador son: «Quiero irme a casa».

La jornada de Grita había empezado por la mañana y había acabado a las ocho, dejándonos a Stella y a mí pasando el rato tranquilamente en el porche después de cenar. Mantenía a Stella informada de lo que iba pasando. Le decía dónde estaba el sol y que el gato de Keiley estaba esperando que algún pájaro tomara un baño vespertino en el disco de la fuente. Le grité al gato que se fuera de allí. Le expliqué cómo las sombras de los árboles de los montes que quedan al sur dejan a nuestro jardín en la penumbra por la tarde. Le describía la luz como un pintor. Recortándose contra el follaje oscuro y brillando como si tuvieran luz propia, estaban los lirios y las rosas y todas esas flores asiáticas y africanas que yo conocía simplemente como margaritas (excepto la «Shasta», que era la nuestra).

Le dije que algunos de los parterres habían crecido demasiado y que tendría que cavar y separarlos en otoño. Yo iba hablando.

Stella apenas se daba cuenta. Su barbilla reposaba en su pecho. Tenía los ojos cerrados, pero yo sabía que no estaba durmiendo. «Sí», murmuró, y añadía «Creo que sí» si yo presionaba pidiéndole una respuesta.

El último navegante del día salió de la bahía dando bordadas para conseguir arañar al viento en contra la suficiente fuerza para mover al barco desde los bajíos hasta su fondeadero. «Es un buen marinero.» Le saludé. Me saludó. No le reconocí con los binoculares. Pero podría ser que él me conociera. Habíamos sido una referencia para los navegantes durante treinta y cinco años. «No está ganando más de tres metros con cada bordada. Tendrá que hacer veinte o treinta veces lo mismo, a un lado y a otro, y luego vuelta otra vez. Eso es lo que yo llamo paciencia. ¿No crees tú que ahí tenemos a un hombre paciente de verdad?

—Creo que sí.

No sabía cuánto podía retener de lo que sucedía a su alrededor. Suponía que era mucho más de lo que yo podría asegurar. Aquella tarde me había mirado de una forma tan penetrante y fija que creí que tenía que mirarla de igual forma. Nos miramos sin vacilar hasta que, inesperadamente y de repente, dijo: «¿Qué crees que estás haciendo?».

Raramente decía más de una o dos palabras. Si había más, lo más probable es que fueran incomprensibles.

—Te estoy mirando y me estás mirando —le dije—. No sé a ti, pero a mí me gusta lo que veo.

Mantuvo mi mirada durante algunos segundos más y luego se le alegró toda la cara.

—Buena respuesta —me dijo.

Yo aún movía la cuchara en el pudín de chocolate: «¿Otra cucharadita?».

Intentó reunir todos los actos necesarios para abrir su boca. Sus labios temblaron y se separaron, pero sus dientes siguieron apreta-

197

dos. Le apreté la barbilla con el pulgar y seguí probando con la cuchara hasta que los dientes se abrieron lo suficiente. Tengo ahora diez veces más paciencia sin esfuerzo que la que tenía cuando la impaciencia no me costaba nada.

Acabamos el postre. Le completé la aventura del buen marinero, que, a pesar de todo, había encallado una vez en la orilla y había tenido que bajar a sacar el barco de la arena. Stella no había abierto los ojos en todo el relato. Había dicho «Sí» y «Creo que sí» cuando le decía lo buen marinero que era. Durante unos minutos tranquilos pensé que iba a echar una cabezada. Después llegó la segunda declaración larga y coherente del día, dicha de forma tan firme como desconcertante: «Quiero irme a casa».

No habíamos dicho nada que llevara a eso. En ningún momento ella había parecido pensativa o estar introvertida.

—*Estamos* en casa.

Cerca del agua, quizá pensó que estábamos en un restaurante. Con voz suave, de guía, le expliqué que vivíamos aquí, que comíamos y dormíamos aquí. Y eso significaba estar en casa. Nuestra casa había sido ésta durante los últimos treinta y cinco años.

Hay pocas palabras que puedan significar tantas cosas diferentes: *Yo* siempre significa «ella misma», pero *tú* puede ser «tú» o «ellos», alguien en el centro de día al que acude, un personaje que ve por la tele, alguien a quien recuerda, cualquiera. *Casa* podía ser «otro lugar», «otra habitación», «un lugar en otro tiempo». Podía querer decir «dentro de la casa» o «cualquier otro lugar de la casa en el que no estaba ahora». Las imágenes asociadas con esas palabras parecían ser muy concretas en su mente, pero se desvanecían rápidamente, como los fuegos artificiales, como cartas dispuestas en un solitario para el cual no hay reglas.

No sospechaba que hubiera alguna herida sin cerrar en su memoria. Por regla general, puedo estar seguro de que no le atormentan cosas tan novelescas o de psicoanalista como la angustia o la nostalgia. Puede que se confunda sobre qué habitaciones están en esta casa y cuáles en aquella otra, pero no anhela nada del pasado, sino que simplemente está pensando en otro lugar porque en ese momento se le ha ocurrido. Un olor o una melodía pueden haberle traído al recuerdo una habitación de la casa de sus padres. Si no respondía como ella deseaba, apenas le molestaba. La carta simplemente volvía a la baraja, quizá para no ser jugada nunca más.

«Hablemos un poco más sobre el tema» es una frase que ha desaparecido de nuestras conversaciones. No puede seguir con un tema, no puede ir atravesando las diversas capas de posibilidades. Cuando no entiendo lo que tiene en la cabeza, puedo cambiar de tema, aparentemente con su beneplácito, simplemente sugiriendo otra cosa sobre la que los dos podamos hablar. Mi papel consiste en hacerle varias preguntas hasta que una de ellas consigue desplazar lo que tenía en la cabeza con otra cosa que le satisface. ¿Estaba hablando de la casa en la que vivía cuando era niña? No. ¿De la casa en la ciudad en la que habíamos vivido antes de vivir aquí? Dudaba un poco.

¿Quería irse del porche a la tumbona? Me dijo «Sí». Si eso no era lo que había querido decir, se convertía en lo que había querido decir en ese mismo momento.

No quiero animarte a pensar que las palabras que han quedado sin cumplir su misión, que han quedado enterradas o suprimidas, deben investigarse con diligencia y ser expuestas por mor de su propio bienestar emocional. El hombre a favor de los derechos del paciente puede creer que el paciente no sólo tiene derecho a ser escuchado, sino también a ser entendido, y que todos sus deseos que puedan ser identificados deben prevalecer. Pero yo creo que esos deseos sólo son un capricho sostenido por las palabras que los transmiten. Incluso la investigación más profunda puede traer como consecuencia que Stella dé su consentimiento a algo en lo que no había pensado jamás y que en realidad le interesa bastante poco. Si asiente cuando le pregunto si estaba pensando en la casa en que vivió de niña, ¿tenemos que hacer las maletas y prepararnos para el traslado? Lo que realmente tiene que investigarse es qué es lo que puede hacer su vida más cómoda. Eso es lo que yo quiero saber. Y no siempre puede decirlo. No puede retener lo suficiente las opciones en su cabeza.

Lo que no está presente no es real para ella. Nunca pide un helado, pero está encantada con él si se lo das. Si nunca más se lo ofreces, nunca preguntará: «¿Qué ha pasado con el helado?».

Las casas, los helados, la gente que iba y venía valían poco en su memoria. La presencia era lo que contaba. Sabiendo esto puedes comprender que me queden pocas dudas de que para ella no sería traumático perder a un hijo o a un nieto, aunque cueste creerlo al ver cómo se le ilumina la cara cuando vienen a visitarla. Si yo desapareciera, no tendría ninguna dificultad para sobreponerse a mi ausencia. A menudo esta pasmosa idea me venía a la cabeza: a Stella no le costaría mucho acostumbrarse a mi ausencia.

Hay numerosas posibilidades: el corazón, los riñones, el cáncer, un talón que se enganche en la escalera, un camión que te encuentres de cara en la carretera… En cierto modo extraño, es reconfortante saber que si yo acabara en el hospital y no volviera a salir de él, Stella no se sentiría tan afectada por mi pérdida como yo lo estaría si la perdiera a ella. Si otros mantuvieran abierta, durante un tiempo, la posibilidad de que mi ausencia fuera temporal y no le insistieran sobre lo definitivo y solemne de mi muerte, estoy seguro de que ella no aprehendería que la extensión de mi ausencia se iba prolongado hasta la infinidad. Cualquier pérdida que sintiera no sería tan profunda como para causarle dolor. La capacidad para el dolor es algo que ha perdido.

No le emocionó la muerte de su hermana cuando yo recibí la llamada y le di la noticia. Su relación había sido profunda, estaban muy próximas. Eran las únicas hermanas y Diane no había tenido hijos.

—Diane ha muerto esta mañana.

Eso le llegó un poco.

—Son muy malas noticias.

—Murió en paz. Haré unas llamadas para ver qué avión puedo conseguir.

Stella no hizo ningún otro comentario ni pregunta, ni sobre el funeral ni sobre el testamento, ni sobre qué se iba a hacer con la casa en la que ambas habían nacido y en la que Diane había muerto. Ni una palabra durante aquel año, en el que Stella aún podía leer periódicos y libros, ni en los años siguientes.

Mi hermana Eve era su mejor amiga. Cuando Eve murió de cáncer, Stella dio muestras de comprender la información como lo había hecho con Diane y nunca más hubo otra palabra sobre el tema, nunca más un recuerdo, nunca una pregunta sobre los hijos de Eve o sobre sus nietos, que ahora habían perdido a unos abuelos de los que nosotros éramos los sucesores.

De todas las peculiaridades del Alzheimer, la pérdida de empatía es la que me cuesta más entender, y la primera muestra de ella vino muy pronto, poco después del diagnóstico de Loughrand. Stella dijo que iba a concertar una cita para que le cortaran el pelo en el nuevo centro de belleza que habían abierto en el edificio de correos. Pensé que me había perdido algo. Tengo una memoria de segunda clase y un oído de tercera división. Decir que iba a cambiar de la peluquería de Arlene, a donde había acudido regularmente durante los últimos veinte años, era como si de golpe decidiera despedir a Grita. Ese cambio no era algo que hicieras sólo porque habías recibido un cupón de descuento en el correo. Arlene era como de la familia. El soborno de los descuentos aplicado a este caso era irrelevante, insólito, imposible e irrisorio. Nuestro vínculo con Arlene era tan sólido que sobreviviría incluso a unos malos cortes de pelo, y nunca había habido ni uno. Arlene era muy eficaz en lo que hacía, conocía a sus clientes, tenía un tacto infinito y una paciencia inagotable, y en la charla mientras trabajaba mostraba opiniones razonables sobre cualquier tema que hubiera aparecido en las noticias. Adivinaba el futuro, con una fiabilidad asombrosa, a partir de la espuma del jabón. Yo creía que siempre había acertado con el corte de pelo de Stella. La misma Stella nunca me dijo lo contrario.

Yo también me había convertido en cliente de Arlene después de que Stella me dijera que muchos maridos iban y tras hacerme a la idea de que me iban a cortar el pelo en algo que se llamaba «salón de belleza». Que Stella dijera, sin que hubiera mediado provocación alguna, que iba a dejar a Arlene por alguien a quien ni siquiera conocía —o que la fuera a dejar por cualquier otro motivo— estaba más allá de mi entendimiento. Le espeté que no podía ser. ¿Cómo se le había metido eso en la cabeza?

—Sólo lo he decidido, eso es todo.

—¿Y qué se supone que le voy a decir a Arlene cuando pregunte por ti?

Se encogió de hombros.

—Sólo te pido que no hagas nada de ese estilo hasta que lo pienses durante un tiempo. Y aun entonces no lo hagas.

No iba a encontrar en mí ninguna ayuda. Nunca antes había tomado partido por nadie en contra de Stella. Puede que tuviéramos opiniones políticas o estéticas diferentes, pero siempre la apoyaba en lo que se refería a relaciones personales. Su juicio sobre las personas era fiable y yo confiaba en él.

El salón de belleza del edificio de correos no volvió a mencionarse nunca.

El establecimiento de Arlene tiene varios escalones sobre el nivel de la calle. Cuando Stella ya no pudo enfrentarse a las escaleras, Arlene comenzó a traer su equipo a casa. Hoy, Stella se alegra al saber que viene Arlene y disfruta la hora que comparte con ella. Cuando ha acabado, ha acabado. A no ser que Arlene lea esto, nunca sabrá que hace cinco años Stella pudo haber dejado de concertar la siguiente cita.

¿Por qué iba Stella a romper tan bruscamente sin ningún motivo ni aviso con una persona que había sido una fiel amiga suya durante veinte años? No puedo ofrecer ninguna explicación, de la misma forma que no puedo explicar por qué no le conmovieron las muertes de su hermana y de la mía. No puedo explicar por qué disfruta tanto con la presencia de sus hijos y sus familias pero nunca pregunta por ellos cuando no están. No presta atención cuando les llamo por teléfono ni me hace preguntas cuando cuelgo. Si le paso el teléfono, su cara se ilumina durante los momentos en que oye sus voces, como si estuviera escuchando el primer mensaje en el invento de Alexander Graham Bell. Sabe bien quiénes son. Dice uno o dos síes. Cuando yo cojo de nuevo el teléfono, deja de mostrar interés.

Después de que la retirase de CenterDay, no se refirió a él ni una sola vez. Después de que tuviéramos que dejar BayEdge, de nuevo ni una palabra. Ni un lamento, ninguna sorpresa, ningún sentimiento de pérdida. Durante dos años, todos los días habían sido un «Buen día» en estos dos centros. Los trabajadores habían sido como de la familia. Y aun así, nunca hubo una palabra de recuerdo.

No puedo explicarlo, pero sabiendo lo que sucede, puedo ver sus implicaciones. Stella no sentirá un dolor profundo ni prolongado si alguno o todos nosotros (yo, Grita, la familia) desaparecemos de su vida. Puede que a Grita y a mí nos eche de menos un poco más y durante más tiempo, pero sólo un poco.

El *Merck* aborda este tema de una manera muy tangencial: «Todo lo que es querido para el cónyuge, la familia y los amigos se pierde a medida que la mente del paciente, sus capacidades, su sensibilidad y su humanidad se desintegran. Así pues, el aprecio que habitualmente se mostraría hacia el cuidador de un compañero anciano, padre o amigo, a menudo desaparece».

Por decirlo de forma sombría: si yo cruzo en una curva sin mirar a los dos lados, Stella no me echará de menos mucho tiempo. Lo hemos comprobado. Durante dos semanas Grita volvió a Brasil para visitar a sus padres. Puede que Stella tuviera a veces la sensación de que faltaba algo, pero si fue así, nunca lo dijo ni dio muestras de ello. Yo me tomé una semana para visitar a familiares y amigos que vivían en otros Estados y que no tenían tanta movilidad como yo. Lo hicimos lo mejor que supimos para hacerle comprender a Stella que mi ausencia era temporal y que iba a volver a finales de semana, a pesar de que sabíamos que todas las garantías de regreso que le dábamos comportaban un concepto del paso del tiempo que ya no era válido para ella. La llamé cada tarde y hablé con ella y con

Grita. Hasta el tercer día Stella no dio muestras a Grita de darse cuenta de mi ausencia.

—Estábamos comiendo —me dijo Grita—. Miró hacia arriba y dijo: «¿Dónde está Aaron?».

—¿Eso es todo?

—Le dije que había tenido que salir y que volvería pronto. No volvió a mencionar el tema.

No lo hizo nunca más. Sentí tanto alivio como decepción. Si estoy fuera de su vida, lo que sucederá no será tanto que lo acepte como que no se dará cuenta. La aceptación es deliberada, con una corriente subterránea de lamento. No puede decirse que no darse cuenta tenga la misma fuerza emocional que la aceptación.

Y aun así, el hecho de que diga «Te quiero, amor», como expresa una u otra forma cada día sin que suene a pasado (lo dice con palabras, con una mirada o cogiéndome la mano), no es un acto simplemente formal. No es un acto calculado —calcular ya no está entre lo que puede hacer—, sino que el momento es trascendente.

Pero esa carta también volverá a la baraja. No puede dársele mucha significación si se juega una o dos veces en mi ausencia. Que la juegue una tercera vez es improbable.

Mi determinación de sobrevivir a Stella no viene de que si me perdiera se quedaría desorientada. Quiero estar aquí simplemente porque puedo hacer más por ella que cualquier otra persona, aunque ella no lamentase muy profundamente o durante mucho tiempo la pérdida de lo que yo hago.

Williston, otro de mis amigos íntimos temporales de un grupo de cuidadores, dijo que, cuando apuntó a su mujer a una residencia, pensó que era mejor no volver demasiado pronto, que sería como dejar a un niño en unas colonias. Si iba a sentir añoranza de casa sólo sería al principio, así que era mejor no estar cerca para servirle de muleta, pues sólo iba a retrasar la adaptación. La plantilla del centro tenía experiencia en ese tipo de situaciones y sabría cómo hacer que la nueva residente se sintiera como en casa.

Visitó la residencia una semana más tarde y habló primero con alguien del personal, que le dijo que Mary lo estaba haciendo muy bien y que pronto estaría perfectamente adaptada.

Así que aún no estaba perfectamente adaptada. Fue a su habitación. Estaba sentada en una silla mirando a través de una ventana. El saludo que le dio fue una súplica: «Quiero ir a casa».

Williston me dijo lo mismo que Ina: «Te hace trizas oír algo así».

No la llevó a casa. Había sido imposible antes y volvería a ser imposible ahora. Había hecho todo lo posible y seguía haciéndolo. Si no era esta residencia, bien escogida y bien gestionada, iba a ser otra probablemente peor.

¿Cómo salió de ésta? ¿Qué hizo para dejarla allí?

—No fue nada fácil. Sólo seguí dándole un aluvión de explicaciones y cerrando los oídos. Le dije que tenía que darle tiempo al lugar. Le dije que vendría a menudo y que su hermana también vendría, que era un sitio muy bueno, que debía pensar positivamente. No escuchó nada de lo que le dije. Cuando vinieron a asearla para la comida, salí de la habitación. Les pregunté si también era así cuando yo no estaba allí. ¿Lloraba? El supervisor de la unidad de Alzheimer dijo que sí, pero que no debía dejar que eso me afectara. Ya estaba dentro de las actividades de grupo. Debía darle tiempo.

Le dio tiempo. Una vez la mujer de Williston le recibió con una bolsa de papel en la mano que ella imaginaba que era su equipaje, y siempre con la misma frase: «"Quiero irme a casa." Odiaba ir allí y oír eso y no sabía qué más podía hacer. Pero entonces los acontecimientos dieron un giro radical. El objeto de sus quejas cambió. En lugar de hablar sobre casa, empezó a quejarse de todo: la comida no tenía sabor o llevaba demasiada sal, la lavandería, las enfermeras, el podólogo que venía a cortarle las uñas, su peluquero, alguien que le robaba la ropa. Éstas eran sus razones para que no le gustara estar allí y, justificadas o no, podía enfrentarme con ellas.

»Le aseguré que vería qué podía hacer respecto a ello. Hablé con la gente de la residencia. Me dijeron que seguía una dieta sin sal. Me dijeron que harían que el ayudante de mesa se encargara de sus condimentos. La ropa planteaba un problema diferente. Existía una cláusula entre los derechos del paciente que hacía ilegal cerrar con llave el armario de un residente. El residente ha de tener siempre libre acceso a él y, si lo tiene el residente, también lo tienen todos los demás. Me imaginé que el personal cogía lo que quería. Si veían un chubasquero que les gustaba, sabiendo que el residente nunca salía cuando llovía, lo cogían. El supervisor de la planta me dijo que podría ser que hubiera pasado algo así, pero que habitualmente las cosas se perdían, o nunca habían existido, o las cogían otros residentes. Tenían un hombre obsesionado por los zapatos. Nada de lo que hacían había conseguido impedir que se colase en los armarios de los demás y les robase los zapatos.»

Le dije a Williston que imaginaba que podía vivir con eso.

—Cualquier cosa es mejor que «Quiero irme a casa». Te sientes como un criminal. ¿Querrías tú que tu mujer pensase que le has hecho algo horrible?

Puede que pasen meses antes de que los eches de menos en la oficina de correos, el quiosco, la cafetería o la iglesia. Vemos a sus mujeres o sus maridos solos cuando hubiéramos esperado verlos juntos. No hemos visto ninguna necrológica. No somos ni familia ni amigos íntimos, pero los conocemos. Ésta es una ciudad pequeña; en una metrópoli no sería más que un barrio. Y éste no es un país donde temas preguntar porque pueda ser que se lo haya llevado la policía.

—No he visto últimamente a Wally Markle. ¿Está por aquí?

—Wally está en una residencia.

Una residencia no había estado nunca entre mis expectativas. Mi madre no estaba en una residencia. Mi padre, un viudo plagado de achaques de noventa y ocho años, no estaba en una residencia. Cuando la gente me preguntaba si Stella estaba en casa, siempre respondía que sí, y quería decir para siempre.

Al oír que Stella, en un avanzado estado de Alzheimer, vive en casa, es fácil suponer que comparto el extendido prejuicio contra las residencias. No es así. Si llega la hora en que yo mismo tenga que inscribirme en una y me doy cuenta de que es así, lo haré con ecuanimidad.

Hace algunos años nuestro buen amigo Fred Woodson, un hombre grande como un oso, se vio atacado por el Alzheimer. Esther, que no abultaba ni la mitad que él, se defendió como pudo durante mucho tiempo en casa, asistida por ayudantes, hasta que la tarea fue demasiado para ella. Apuntó a Fred a una residencia. Al mismo tiempo, aunque aún gozaba de buena salud mental y física, ella también se apuntó en la misma habitación de dos camas con sala de estar y cocina. Los servicios de cuidados del hogar, comedor y enfermería estaban a su disposición. La vida que llevaron se parece mucho a la que ahora ofrecen varias empresas dedicadas al cuidado de ancianos: alquiler de casas enteras que reciben de la empresa los mismos servicios que sus inquilinos tendrían en una residencia.

Vivieron de ese modo durante muchos años hasta que Fred murió. Entonces la residencia ya se había convertido también en el hogar de Esther. Murió en paz allí, físicamente debilitada pero aún en total posesión de sus facultades mentales. Visitábamos a Fred y a Esther a menudo. Creo que Esther tomó las decisiones correctas.

Si las Navidades siguientes marcan la fecha en que Stella va a una residencia, pensaré en ir con ella para seguir viéndola durante todo el tiempo que nos quede. Les he dicho a nuestros hijos que no veo el motivo por el cual Stella no pueda pasar el resto de su vida conmigo en casa. De ninguna forma usaré mi autoridad como su marido o el poder que me confieren los documentos que firmó en mi favor (lo hicimos recíprocamente) hace seis años para apuntarla a una residencia sin su consentimiento.

Pero también les he dicho que si, según su parecer, yo pierdo la capacidad de tomar decisiones razonables por mí mismo, no dejen que ningún supuesto prejuicio o reticencia mía les ponga difícil tomar la decisión. Deberían seguir adelante e inscribirme en un centro. No tengo ninguna reserva hacia ello. Tampoco temo a mis hijos. Tengo la suerte de tener una fe ilimitada en ellos. Lo que realmente me disgustaría es que no hicieran lo que parece mejor porque supongan que no es lo que yo querría si la decisión aún estuviera en mis manos. Si tengo que ser alimentado, es posible que los ayudantes de una residencia lo hagan de una manera algo más apresurada. Es probable que incluyan en mi dieta más alimentos tiernos y menos bocados complicados, como un melocotón tras el postre, a fin de acabar más rápido el trabajo. Mis hijos podrían sospechar que me daré cuenta de que la gente a mi alrededor está durmiendo en sillas de ruedas (como puede que también esté yo) y que de alguna manera vea todo aquello como un ambiente decadente que disminuya mi voluntad de vivir. Puede que todo esto sea cierto, pero presiento que todos esos detalles no me van a importar mucho entonces.

No quiero partir de un prejuicio contra las residencias para mí o para Stella. Sólo es que, por ahora y hasta donde alcanzo a ver, nuestro hogar es la mejor opción. Y por eso estamos aquí.

«Carrera» es una palabra que asociamos con un empleo en el campo en el que uno puede ejercitar mejor sus habilidades. Si el compromiso no es a jornada completa o tomado como tal, se piensa en esa actividad como una afición. Pero afición no es una palabra lo suficientemente seria para describir la relación que Stella tenía con su violoncelo. Con un pintor y, ciertamente, con un escritor, sucede que si son buenos aficionados pero no se ganan la vida con su arte (o al menos sufren una honrosa hambruna a nivel profesional), la gente piensa que debe de haber en ellos algo de falta de realización. Con un músico, este prejuicio no está tan extendido y, realmente, no era cierto respecto a Stella. Era muy buena intérprete, pero no le atraía desarrollar una carrera como concertista profesional. Tocaba en varios excelentes grupos de cuerda en los que muchos miembros a menudo eran músicos profesionales. Dirigía la sección de violoncelo de la orquesta del condado. Ensayaba con seriedad cada día. Su interpretación de las suites de Bach para violoncelo sin acompañamiento había sido valorada por críticos muy competentes como completamente profesional.

En pocos y breves meses, su plan de reunir una compañía de violoncelistas para interpretar las *Bachianas brasileñas* de Villa-Lobos fue desbaratado por el Alzheimer. Vi la calamidad aproximarse conforme crecía su incapacidad para ensayar, para concentrarse, para atar cabos sueltos, para recordar dónde había puesto las notas que tomaba durante sus conversaciones telefónicas.

A veces pensaba que sólo estaba cansada. Otras veces me imaginaba que la presión estaba pudiendo con ella. Su temperamento, siempre equilibrado, parecía encontrarse a punto de estallar. Cuando el proyecto con el violoncelo comenzó, aún no le habían diagnosticado Alzheimer. Con el diagnóstico llegué a comprender que tendría que rescatarla de una serie de importantes responsabilidades que había contraído con un montón de gente.

Telefoneé a sus colegas locales a los que yo, el diligente esposo, conocía de los eventos musicales. Simon Walsterman y Emma Blake habían venido a nuestra casa y nosotros habíamos ido a la suya para relajarnos tras los conciertos. Creo que eran miembros de nuestra parroquia, o al menos asistían a la iglesia tantas veces como nosotros. Me dijeron que se sentían desolados ante la noticia, se mostraron comprensivos y añadieron que querían seguir con el proyecto. No les propuse que se hicieran cargo de la dirección y ellos no se ofrecieron a hacerlo. Me preguntaron si había hablado con Ben Casselli. Todavía no, pero tenía intención de hacerlo.

No quería que el boca-oreja fuera muy por delante de mí, así que esa misma tarde de domingo fui a visitar a Suzanna Kelley, a quien conocía de habérmela encontrado comprando vino o queso y de cruzarnos en la oficina de correos. Suzanna era amiga de Stella y llevaba una vida muy ocupada como maestra y madre soltera. Nos había visitado en Navidad con su hija, aún en edad preescolar. Habíamos intercambiado regalos: un bastoncillo de caramelo por un brazalete. Suzanna también se mostró desolada y me preguntó si había hablado con Ben Casselli, así que comprendí que

Casselli era alguien con quien el grupo, sin duda, se iba a sentir cómodo.

Lo recordaba como un hombre alto con un pelo color rojo y muy rebelde que llevaba cogido en una coleta por detrás y que tenía una barba estilo Habsburgo. Tenía un aire demacrado, como si estuviera siguiendo una dieta de verduras. Vivía al final de Cape Cod. Le telefoneé y le dije directamente que Stella estaba enferma y que quería ir a verle antes de decir nada más.

—Oh cielos —dijo—, eso no suena muy prometedor.

Tampoco él sonaba prometedor, pero era todo lo que yo tenía para seguir adelante.

—No hace falta que venga hasta aquí para hablar —dijo.

Le dije que prefería verle y que, si me recibía, podía estar allí en una hora. Me dio instrucciones para llegar y en menos de una hora llegué a una imponente casa con un gran vestíbulo y una escalera de las dimensiones de un auditorio que conducía a una balconada en el segundo piso. Era una casa que mostraba que el propietario la había imaginado con todo detalle y se había cuidado de vigilar el proceso de construcción hasta el final. Nos sentamos en una habitación con muebles de mimbre blanco y muchas plantas. No sabía exactamente qué iba a proponerle.

—Oh cielos. Siento oír eso. Stell es una persona maravillosa. ¿Podrá tocar si otro se encarga de todo el papeleo y la organización? —Yo comenzaba a conectar con él. No se estaba yendo por las ramas.

—No puedo estar seguro. La única respuesta honesta es que no lo sé. Sí sé que está muy comprometida con el proyecto. Estoy seguro de que todos los demás también lo están. Sería muy doloroso para Stella si se abandonase. La primera pregunta es: ¿hará otra persona lo que usted llama el papeleo?

—Discúlpeme un momento —me dijo para responder a una llamada telefónica.

—Sí —dijo—, Aaron está aquí. Estamos hablando. ¿Quieres seguir con ello, verdad? Por supuesto. Te llamaré.

Así que estaba hecho.

—¿Y qué hay de Stella? —preguntó—. ¿Puede usted hacer que se adapte bien a los cambios? ¿Aceptará dejar de organizar la actuación?

Pensé que podría encontrar los momentos y las palabras adecuadas para que todo sucediera de forma fácil.

—Llevamos casados mucho tiempo. La conozco muy bien y sé cómo hablar con ella —dije.

—Oh cielos —dijo—, la vida puede ser tan cruel… Llámeme cuando pueda ir a verles a los dos y Stella pueda ponerme al día. Dele recuerdos de mi parte. Es una persona tan buena…

Una tarde durante las vacaciones de primavera de la escuela, nuestra procesión de coches familiares (bajando desde Nueva York, subiendo desde Washington, el hijo de mi hermana y su familia desde Filadelfia) con los niños, las esposas, los nietos y Grita se detuvo en el aparcamiento del instituto, frente a la puerta del escenario. Ya había bastante gente sentada en sus localidades cuando atravesamos el pasillo tras el escenario y nos dirigimos a las filas que teníamos reservadas. En una ciudad pequeña siempre hay gente a la que saludar, pero Stella estaba absolutamente ausente, no consideraba aquello como un acontecimiento importante en su vida.

Cualquier vínculo personal con el concierto se había desvanecido. Poco a poco, sin remordimientos visibles, Stella se había apartado primero del papeleo, luego de la interpretación tras un único y breve ensayo y, a partir de entonces, incluso de cualquier participación emocional en el proyecto que tanto había deseado. ¡Ocho violoncelos! Todo se había convertido para ella en apenas otra noche fuera cuyo único aspecto memorable era que su familia estaba junto a ella. El inmediato y agotador placer de tener a todos sus hijos en casa a la vez había sido suficiente para ese día.

En el escenario, ocho sillas estaban colocadas formando un estrecho círculo, cada una de ellas con un atril para las partituras y un violoncelo esperando a su músico. Las luces se atenuaron. Sin ningún aviso previo, tres músicos se pusieron en su lugar, dieron las gracias por el aplauso de bienvenida y comenzaron a tocar un grupo de piezas cortas preliminares. Tras los aplausos, el resto de los músicos salió a escena enérgicamente, vestidos con ropa de concierto. Dos de los hombres estaban sentados juntos, una decisión un tanto equivocada, pues sólo evidenciaba el convencimiento de ambos de que el único requisito obligatorio en el vestuario del músico era una camisa blanca. Los vestidos de las mujeres demostraban el mayor esfuerzo invertido para estar a la altura de la ocasión. Los bordes de los tirantes les resbalaban por el hombro. Una de ellas había combinado una falda llameante con un cabello llameante para conseguir un efecto similar al de una pagoda. Pero habían venido a tocar. Elegante y delgado, Casselli dio un paso al frente.

—Creo que están ustedes hoy aquí para escuchar las *Bachianas brasileñas* del compositor Heitor Villa-Lobos. Me gustaría decirles, y les digo ahora, que este concierto fue inspirado y organizado por nuestra querida colega Stella Alterra, a quien dedicamos nuestra interpretación. Sin ella, hoy no podríamos estar ante ustedes.

Extendió su mano hacia ella y el público aceptó la invitación para aplaudir, levantándose de la forma desordenada en que el público lo hace cuando algunos toman la iniciativa.

Stella no captó la importancia de lo que Ben había dicho. Su rostro estaba a la vez sereno y distraído. Le dije: «El aplauso es para ti. Tienes que demostrar a Ben tu gratitud por sus amables palabras. Lánzale un beso».

—¿Un beso?

—Sí, lánzale un beso.

Lo hizo. Marion, sentada a mi otro lado, se reclinó sobre mí y le dijo: «Hay otras cosas, aparte de este concierto, que no se hubieran podido realizar sin ti, mamá».

Ben tomó asiento, acabaron de afinar los instrumentos, asintió como señal para que comenzara la interpretación y finalmente Stella demostró que sabía por qué estaba allí. Estaba allí para la música, la maravillosamente enérgica y lírica música. Su atención se in-

212

tensificó. Sus labios se entreabrieron como para beber las voces de los violoncelos. Su atención no flaqueó ni un instante hasta que llegó el aplauso final y Ben Casselli la instó a levantarse para aceptarlo también.

Ben volvió a visitarla en otra ocasión, pero fue la última, y ninguno de los otros vino nunca. Los amigos, todos menos los más íntimos, simplemente desaparecieron por causa de la incomodidad, la vergüenza, el desagrado, el miedo u otros imperiosos motivos. Dejaron de existir. Ello forma parte del curso natural del Alzheimer tanto como lo que está escrito o sugerido en *El manual Merck de geriatría*.

Tengo que empujar con fuerza la puerta para dibujar un cuarto de círculo en la nieve frente a la entrada. Azuzada por el viento del noreste, la nieve cae casi plana, muy húmeda. Ha caído demasiada como para que el coche pueda abrir un camino desde el garaje hasta la vecina carretera. La nieve se hará más sólida, unirá el coche al suelo como si fuera cemento y bloqueará los quitanieves. No hay periódicos. La luz no se ha ido, pero se irá pronto. Incluso durante las tormentas suaves tengo que poner en hora ocho relojes y el vídeo.

Una tormenta de marzo. En una semana no habrá más que finos y sucios montoncitos que den fe de las montañas de nieve apiladas a los bordes de los aparcamientos y al final de las entradas de los garajes por los quitanieves de las autoridades.

El teléfono suena.

Marvin está ahí fuera en alguna parte, sacando la nieve de las carreteras y de los aparcamientos de los supermercados. Le llamo a su móvil para recordarle que tengo a una inválida en casa. Cree que podrá acercarse a primera hora de la tarde. No podrá venir antes de que el contratista limpie nuestra carretera, pero estará al tanto para no retrasarse.

Es probable que el departamento de bomberos pueda llegar si hay una emergencia. Por ahora no están demasiado preocupados. La previsión habla de menos de veinticinco centímetros y hacia el mediodía debe dejar de nevar. Han abierto un refugio en una escuela sólo por si acaso. Les llamaré si les necesito.

Shelley, la encargada de admisiones en BayEdge, no estará aún en su mesa. Le dejo un mensaje en el contestador recordándole que había acordado llevarse a la señora Alterra durante un día o una semana en caso de emergencia. Hoy o mañana puede que sea ese día. Podríamos estar bien si se fuera la calefacción durante veinticuatro horas, pero no me arriesgaría a pasar de ahí.

Hoy la cuidadora de Stella es Joan, que no está buscando excusas para quedarse en casa. Le sugiero que tome la autopista hasta la gasolinera de Texaco y me llame desde allí al mediodía. Entonces podré decirle si puede llegar hasta aquí. «Puedo caminar desde allí», me dice. Son dos millas.

Llama Grita. He tenido la línea ocupada. Me dice que su cliente del miércoles está en el hospital. Si Joan no puede venir, ella se ofrece a trabajar hoy. Vive más cerca. Le doy las gracias y le digo que la llamaré si la necesito. Stella tiene las dos mejores ayudantes de Cape Cod.

Otra llamada. Emily Morse, una viuda que vive sola más allá de mi casa, en la misma carretera. Quiere que alguien le explique qué está pasando. Se lo cuento, al menos hasta donde sé. Me da sus bendiciones. Me pregunta cómo está Stella. Bien. Durmiendo.

Me gustaría que ésta fuera una de esas mañanas en que Stella quiere dormir hasta el mediodía, cuando Joan puede que haya conseguido abrirse paso hasta aquí, pero la veo moverse bajo el edredón, invisible, oculta como siempre quince centímetros bajo el borde de las mantas. Deslizo una de las barras laterales de la cama, me siento a su lado y comienzo a abrirme paso entre las capas de mantas y sábanas que la cubren. Aparecen sus ojos, conscientes de que estoy deshaciendo la crisálida en que estaba acurrucada. Le doy un beso y le explico cómo está todo afuera. Me doy cuenta de que el reloj se ha parado. Pruebo con un interruptor de la luz: no hay corriente. El calor pronto comenzará a escaparse de la casa.

—No hay nadie aquí más que nosotros dos, como pollitos —le

digo alegremente—. A Joan y a Grita la nieve las tiene encerradas en casa. Alguien vendrá más tarde, pero de momento estamos solos como pollitos.

Entiende que quiero animarla y sonríe para apoyarme.

Le dejaré el baño a Joan y de momento sólo saco a Stella de su camisón húmedo, la aseó con unos paños, la seco, le pongo sus lociones y su talco y la mudo con un vestido limpio. Mientras voy haciendo le cuento lo que va pasando: le hablo del tiempo, de cómo tiene la piel, de sus ropas. Al final llego a lo bien que duerme.

—Debe de sentar bien dormir toda la noche de un tirón.

—Bien —asiente, es la primera vez que ha hablado, y cierra los ojos. ¿Quién podría culparla? Mi compañía no es precisamente lo más divertido del mundo. Está echada de lado, acurrucada en posición fetal, limpia y refrescada, lista para echar una siestecita.

Lo intento otra vez: «¿Por qué crees tú que duermes tan bien por la noche? No mueves ni siquiera un dedo. ¿Cómo te lo explicas?».

No lo explica.

—¿Te acuerdas del sueño tan inquieto que tenías antes?

No se acuerda, o al menos no lo admite.

—Cuando nos casamos, tanto tú como yo éramos muy movidos. Algunas noches yo me quedaba todas las mantas enrolladas a mi alrededor. Otras te las quedabas tú. ¿Te acuerdas?

Emite un ruido que no puedo identificar como una palabra. Le cojo la mano y la acaricio con el pulgar. Los dedos se aprietan envolviendo el mío. Tiene los ojos cerrados.

Le pregunto de nuevo cómo se explica su nuevo don del sueño tranquilo y le recuerdo otra vez cómo era antes. Su voz se agita y me inclino hacia ella para oír lo que quiere decir. No espero necesariamente una respuesta y, desde luego, no espero una respuesta elaborada.

—Es como tocar con un acorde diferente —dice claramente.

No sé qué significa, pero es un adorable fragmento de poesía. Creo que de todo lo que nos hemos dicho durante nuestras largas vidas, recordaré siempre esa frase.

La llevo arriba en el ascensor Hoyer y la acerco hasta una silla desde donde puede ver cómo cae la nieve. Creo que ya hemos perdido una pequeña fracción de un grado de calor, pero puede que lo esté imaginando. «Es como tocar con un acorde diferente» sigue dando vueltas en mi cabeza como un precioso juguete dentro del cual espera un secreto. Si supiera cómo abrirlo…

Lecturas recomendadas

Abrams, William B. y Robert Berkow (comps.), *Merck Manual of Geriatrics*, Rahway, N.J., Merck & Co Inc., 1995. *Véase la sección 81, «Senile Dementia of the Alzheimer's Type (SDAT)»* (trad. cast.: *El manual Merck de geriatría*, Barcelona, Doyma, 1992).

TEXTOS MUY COMPLETOS Y ÚTILES

Gruetzner, Howard, *Alzheimer's The Complete Guide for Families and Loved Ones*, Nueva York, John Wiley and Sons Inc., 1997. *Especialmente recomendable por su extensa bibliografía.*
Mace, Nancy L. y Peter Rabins, *The 36-Hour Day*, Baltimore, Md., Johns Hopkins University Press, 1991 (trad. cast.: *El día de 36 horas*, Vic, Eumo Editorial, 1993).
Powell, Lenore S. y Katie Courtice, *Alzheimer's Disease: A Guide for Families*, Reading, Mass., Addison Wesley Publishing Co., 1992.

LECTURAS ADICIONALES PARA LAS QUE NO ES NECESARIO
UN ESPECIAL INTERÉS EN EL ALZHEIMER

Bayley, John, *Elegy for Iris*, Nueva York, St. Martin's Press, 1999 (trad. cast.: *Elegía a Iris*, Madrid, Alianza, 2000).
McGowin, Diana Friel, *Living in the Labyrinth: A Personal Journey Through the Maze of Alzheimer's Disease*, Nueva York, Dell

Publishing Group, 1994 (trad. cast.: *Vivir en el laberinto: un viaje personal a través de la encrucijada del Alzheimer*, Barcelona, Alba, 1994).

Roach, Marion, *Another Name for Madness*, Boston, Houghton Mifflin, 1985.

Una autobiografía escrita desde la misma enfermedad, una gesta de comunicación impensable en fases más avanzadas.

Direcciones de interés

**Algunas asociaciones
de familiares de enfermos
de Alzheimer en España:**

<u>ANDALUCÍA</u>
c/ Alcalde Muñoz, 9, 8º
04004 Almería
Tel. 95 023 11 69

Ayuntamiento de Cádiz
c/ Zaragoza, 1
11003 Cádiz
Tel. 95 622 21 01

Ctra. Antigua de Málaga, 59 2º B
18015 Granada
Tel. 95 820 71 65

Llano de la Trinidad, 5
29007 Málaga
Tel. 95 223 90 902

c/ Virgen de Robledo, 6
41010 Sevilla
Tel. 95 427 54 21

<u>ARAGÓN</u>
Monasterio de Samos, 8
50013 Zaragoza
Tel. 97 641 29 11 / 27 50

c/ Castellón de la Plana, 7 1º B
50007 Zaragoza
Tel. 97 637 79 69

<u>ASTURIAS</u>
Avda. Constitución, 10, 5º F
33207 Gijón
Tel. 98 534 37 30

<u>CANTABRIA</u>
c/ Sta. Bárbara, 625
Puente de San Miguel
Tel. 94 282 01 99

Centro Social de la Marga, s/n
39011 Santander
Tel. 94 232 32 82

CASTILLA-LA MANCHA
c/ Antonio Machado, 31
02203 Albacete
Tel. 96 750 05 45

CASTILLA Y LEÓN
Plaza Calvo Sotelo, 9
09004 Burgos
Tel. 94 727 18 55

c/ Fernando González Regueral, 7
24003 León
Tel. 98 722 03 56

Hospital Provincial
Avda. de San Telmo, s/n
34004 Palencia
Tel. 97 971 38 38

c/ Ayala, 22 bajos
37004 Salamanca
Tel. 92 323 55 42

Plaza Carmen Ferreiro, s/n
47011 Valladolid
Tel. 98 325 66 14

CATALUÑA
Via Laietana, 45, Esc. B, 1° 1ª
08003 Barcelona
Tel. 93 412 57 46 / 76 69

COMUNIDAD VALENCIANA
c/ Empecinado, 4 entr.
03004 Alicante
Tel. 96 520 98 71

Can Senabre
Llanera Ranes, 30
46017 Valencia
Tel. 96 357 08 59

GALICIA
c/ Pastor Díez, 40-1° D
27001 Lugo
Tel. 98 222 19 10

ISLAS BALEARES
c/ Bellavista, 37 bajos, 1ª
07701 Mahón (Menorca)
Tel. 97 136 78 94

c/ San Miguel, 30 4-A
07002 Palma de Mallorca
(Mallorca)
Tel. 97 172 43 24

ISLAS CANARIAS
Juan Quesada, s/n
35500 Arrecife de Lanzarote
Tel. 92 281 00 00

c/Alejandro Hidalgo, 3
Las Palmas de Gran Canaria
Tel. 92 823 31 44
Extensión 269 de 16.30 a 20 h.

Plaza Ana Bautista, Local 1
38320 Sta. Cruz de Tenerife
Tel. 92 266 08 81

LA RIOJA
c/ Vélez de Guevara, 27 bajos

26005 Logroño
Tel. 94 121 19 79

Algunas asociaciones de lucha contra el Alzheimer en Latinoamérica

COLOMBIA
Asociación Colombiana de Alzhei-
mer y Desórdenes Relacionados
Calle 69 A n° 10-16
Santa Fé de Bogotá, D.C.
Tel.: 00 57 1348 49 97
Fax: 00 57 1321 76 91

COSTA RICA
Asociación de Alzheimer
de Costa Rica
Apartado 4755
San José 1000
Tel.: 00 50 6290 28 44
Fax: 00 50 6222 53 97
e-mail: ximajica@sol.racsa.co.cr

ECUADOR
Asociación de Alzheimer de Ecuador
Avenida de la Prensa n° 5204 y
Avenida de Maestro
Quito
Tel./Fax: 00 59 3259 49 97
e-mail: alzheime@uio.satnet.net

EL SALVADOR
Asociación de Familiares
de Alzheimer de El Salvador
Asilo Sara Zaldívar
Colonia Costa Rica, Avenida Irazu
San Salvador
Tel.: 00 50 3237 07 87
e-mail: ricardolopez@vianet.com.sv

GUATEMALA
Asociación Grupo Ermita

10ª Calle 11-63
Zona 1, Apto. B
P.O. Box 2978
01901 Guatemala
Tel.: 00 50 2238 11 22
e-mail: alzguate@quetzal.net

MÉXICO
AMAES
Asociación Mexicana de Alzhei-
mer y Enfermedades Similares
Insurgentes Sur n° 594-402
Col. Del Valle, México 12
D.F. 03100 México
Tel./Fax: 00 52 5523 15 26
e-mail: amaes@data.net.mx
página web:
www.amaes.org.mx/famaes.html

PANAMÁ
AFAPADEA
Asociación de Apoyo de Familia-
res de Pacientes con Alzheimer
Vía España, 11 ½ Río Abajo
(Estación Delta)
6102 El Dorado, Panamá
Tel./Fax: 222 0337

PERÚ
Asociación Peruana de Enfermedad
de Alzheimer y otras Demencias
Trinitarias, 205 Surco
Lima
Tel.: 00 51 1 40 7374
Fax: 00 51 1 275 80 33
e-mail: magasc@terra.com.pe

222

PUERTO RICO
Asociación de Alzheimer
de Puerto Rico
Apartado postal 362026
San Juan
Puerto Rico 00936-2026
Tel.: 00 1 787 727 4151
Fax: 00 7 787 727 4890
e-mail: alzheimepr@alzheimerpr.org
página web: www.alzheimerpr.org

REPÚBLICA DOMINICANA
Asociación Dominicana de Alzheimer y Trastornos Relacionados
Apartado postal 3321
Santo Domingo
Tel.: 00 1 809 544 1711
Fax: 00 1 809 562 4690
e-mail: dr.pedro@codetel.net.do

URUGUAY
Asociación Uruguaya de Alzheimer y Similares
Casilla de correo 5092
Montevideo
Tel./Fax: 00 598 2 400 8797
e-mail: audasur@adinet.com.uy

VENEZUELA
Fundación de Alzheimer
de Venezuela
Av. El Limón,
Qta. Mi Muñe – El Cafetal
Caracas
Tel.: 00 58 2 98 59546
Fax: 00 58 2 69 01123
e-mail: alzven@cantv.net
página web: www.mujereslegenda
rias.org.ve/alzheimer.htm

Páginas web de interés

http://www.uam.es/centros/psicologia/paginas/cuidad ores/index.html
Página para cuidadores familiares y profesionales.

http://www.alzheimer-europe.org/spanish/index.html
Asociación de Alzheimer de Europa. ONG cuyo objetivo es la coordinación y cooperación entre las organizaciones europeas dedicadas a la EA, y la organización del apoyo a los que padecen la enfermedad y a sus cuidadores.

http://www.geocities.com/HotSprings/Spa/7712/
Asociación de Alzheimer de Monterrey. Ofrece material para familiares, cuidadores y personas interesadas.

http://www.lacaixa.es:8090/webflc/wpr0pres.nsf/wurl/alma001_esp?Open
  Document
Informa del programa de voluntarios para ayudar a los enfermos de Alzheimer del ayuntamiento de Barcelona, de los programas de los talleres de estimulación de los enfermos, así como de las becas dedicadas a la investigación de enfermedades neurodegenerativas de esta entidad.